# 林业主要有害生物
# 生态图鉴

The Main Forest Pests Illustrated

姜生伟　编著

北方联合出版传媒（集团）股份有限公司
辽宁科学技术出版社

**图书在版编目（CIP）数据**

林业主要有害生物生态图鉴 / 姜生伟编著 . —沈阳：
辽宁科学技术出版社，2024.2
ISBN 978-7-5591-3259-8

Ⅰ . ①林…　Ⅱ . ①姜…　Ⅲ . ①森林害虫—中国—图
集　Ⅳ . ①S763.3-64

中国国家版本馆CIP数据核字（2023）第198751号

出版发行：辽宁科学技术出版社
　　　　　（地址：沈阳市和平区十一纬路 25 号　邮编：110003）
印 刷 者：辽宁鼎籍数码科技有限公司
经 销 者：各地新华书店
幅面尺寸：185mm×260mm
印　　张：16
字　　数：350千字
出版时间：2024年2月第1版
印刷时间：2024年2月第1次印刷
责任编辑：陈广鹏　乔志雄　孙　东
封面设计：周　洁
责任校对：栗　勇

书　　号：ISBN 978-7-5591-3259-8
定　　价：180.00元

联系电话：024-23280036
邮购热线：024-23284502
http://www.lnkj.com.cn

辽宁省林业有害生物防治检疫站
辽宁省危险性林业有害生物防控重点实验室　**组织编写**
东北林草危险性有害生物防控国家林草局重点实验室

# 《林业主要有害生物生态图鉴》
# 编委会

**主　编**　姜生伟

**副主编**　舒　红　崔　雪　孙守慧　韩国生　李国忠

　　　　　张佩洁　孙龙生　吴　昊　李德斌

**编　委**　（按姓氏笔划排序）

| | | | | |
|---|---|---|---|---|
| 王　芳 | 王　娇 | 王同海 | 王伟韬 | 王志广 |
| 王焱冰 | 艾　华 | 田　川 | 冯世强 | 邢礼国 |
| 吕　军 | 朱成伟 | 庄宏伟 | 刘　宁 | 刘　侠 |
| 刘仁军 | 刘向龙 | 刘胜利 | 芮晓林 | 李　菊 |
| 李云波 | 李成哲 | 李志鹏 | 李晓静 | 杨云博 |
| 杨庆寅 | 杨运来 | 杨丽元 | 杨振秋 | 肖　艳 |
| 肖　强 | 何　姗 | 余月振 | 谷　敏 | 邹继高 |
| 冷　旭 | 张　帆 | 张　军 | 张英伟 | 张国生 |
| 张艳春 | 张恩伟 | 陆小辉 | 陈　军 | 范大庆 |
| 尚　健 | 金传玲 | 周庆林 | 房　钢 | 屈年华 |
| 孟照煜 | 赵秀莲 | 赵博文 | 胡文宇 | 姜宗辉 |
| 娄　杰 | 柴晓东 | 郭　斌 | 郭云峰 | 葛　芳 |
| 董　蔚 | 焦大志 | | | |

# 前言

我国林业有害生物种类多、发生频繁、危害严重，是世界上林业有害生物发生和危害最为严重的国家之一。据统计，全国林业有害生物有6179种，检疫性有害生物有14种，危险性有害生物有190种。近年来，林业有害生物发生形势严峻，松材线虫病疫情北扩西进趋势明显、美国白蛾越冬基数大、新发突发林业有害生物灾害发生频繁，造成的生态和经济损失较大，对生态环境建设和国土生态安全构成威胁。

党中央国务院高度重视生物安全，多次部署加强国家生物安全风险防控和治理体系建设，提高国家生物安全治理能力，切实筑牢国家生物安全屏障。2020年7月，新修订的《中华人民共和国森林法》正式实施；2021年4月，《生物安全法》正式实施；2021年10月，中共中央办公厅、国务院办公厅印发了《关于进一步加强生物多样性保护的意见》；党的二十大报告中提出，要防治外来物种侵害。

辽宁省地处东北、华北、蒙新三大动物区系和长白、华北、蒙古三大植物区系交会地带，野生动植物资源比较丰富，是维护华北平原与东北平原两大平原生态安全的重要屏障。近些年，松材线虫病、美国白蛾、红脂大小蠹等外来入侵林业有害生物的危害较为严重，个别虫种危害呈现扩散势态。如何科学有效地开展林业有害生物防治工作是各级党委政府和森林经营者亟须解决的问题。

为全面掌握林业有害生物发生、危害情况，1980—1985年、2014—2016年，辽宁省先后两次在全省范围内组织开展林业有害生物普查，共普查林业有害生物2516种，其中昆虫2278种，病害215种，鼠、兔害5种，有害植物18种。为进一步摸清我省主要林业有害生物危害基本情况以及危害全过程的生态状况和表现，准确提供林业有害生物信息，建立和完善林业有害生物数据资源，科学开展林业有害生物防治工作，在前两次普查的基础上，2020—2021年，专项开展了补充调查。

为充分利用调查成果，挖掘和发挥成果潜力，帮助东北乃至北方地区林业有害生物防治检疫人员、科技人员特别是林农等森林经营者进一步了解主要林业有害生物，便捷准确地识别各个虫态和确定病虫害种类，及时精准地开展林业有害生物防治工作，减少灾害损失，辽宁省林业有害生物防治检疫站、辽宁省危险性林业有害生物防控重点实验室、东北林草危险性有害生物防控国家林草局重点实验室组织编写了《林业主要有害生物生态图鉴》一书。本书共收录了108种与基层林业生产关系密切的主要林业有害生物，其中虫害87种，病害17种，鼠、兔害3种，有害植物1种，并附有大量的原色生态图片，包括虫害的卵、幼虫、蛹、成虫全虫态生态图片以及病虫害危害症状图片，图文并茂地介绍了108种主要林业有害生物的学名、别名、分类地位、形态特征、寄主、分布、发生规律、防治方法等。

作为国内目前为数不多的林业主要有害生物生态图鉴，本书不仅是从事林业有害生物防治工作的管理者和基层专业技术人员的重要工具书和参考书，也可作为农林院校森林保护专业学生学习的辅助教材，更是一本贴近实际，对生产实践具有重要指导意义的实操手册。同时，精美的野外生态照片亦可供昆虫学研究者、昆虫爱好者、自然摄影爱好者等一切热爱自然的朋友们欣赏和收藏。

本书是在省、市、县三级林业有害生物防治检疫机构的共同努力下完成的，特别感谢在外业调查中，克服了重重困难深入林间完成了大量野外图片拍摄工作的基层调查人员。原国家林业局森防总站宋玉双站长，东北林业大学李成德教授、韩辉林教授和刘雪峰教授参与了书稿审阅，在此一并表示诚挚的谢意！

尽管编纂人员为本书的编写、统稿等工作付出了辛勤的劳动，但书中难免存在疏漏和不当之处，恳请读者提出宝贵意见。

作者
2023年12月

# 目录

Contents

**第二部分 病 害**
Trees Diseases

## 第三部分　鼠、兔害
## Forest rodent pests and rabbit pests

## 第四部分　有害植物
## Harmful Plants

# 第一部分

# 虫害
## Forest Pests

# 一、苗圃及根部害虫

## 1　黑绒鳃金龟

**学　　名**　*Maladera orientalis*（Motschulsky）

**别　　名**　天鹅绒金龟子、东方金龟子、东方绢金龟

**分类地位**　鞘翅目（Coleoptera）鳃金龟科（Melolonthidae）

**形态特征**　成虫：卵圆形，体长7～10mm，宽4～5mm，体黑色或黑褐色，体表具丝绒般光泽。触角9节，少数10节，黑色或褐色，柄节膨大，着生刚毛3～5根，鳃片部3节，其鳃叶部雌虫短粗，雄虫细长。前胸背板密布小刻点，宽为长的2倍，侧缘弧形具有刺毛1列；鞘翅点刻较多，有纵隆脊10条，外缘有少数刺毛列，胸腹面具棕褐色长绒毛。前足腿节具长绒毛，胫节有2刺；后足胫节细长，具端距2枚。雌虫腹部从后足基部到臀板末端间距离长且呈弧形，臀板末端指向下后方；雄虫腹部从后足基部到臀板末端间距离短，臀板末端指向腹部下方或下前方。

卵：椭圆形，长约1mm，初产乳白色，孵化前为黄褐色。

幼虫：老熟幼虫身体弯曲呈"C"状，体长14～16mm，头黄褐色，胴部乳白色。胸足3对，无腹足，在肛腹区后部腹毛区满布顶端尖而稍弯的刺状刚毛。沟状毛的前缘呈双峰状，峰尖向体后方，终止于肛腹片后部中间。腹毛区中间的裸露区呈楔形。刺毛列于腹毛区后缘，呈横弧状弯曲，由14～26根锥状直刺组成。

蛹：长约8mm，黄褐色，复眼突出呈黑色。

**寄　　主**　杨、柳、榆、苹果、梨、桑、杏等。

**分　　布**　东北、华北、华东、西北地区，福建、河南、台湾、云南、四川、贵州。辽宁省内分布于沈阳、锦州等地。

**发生规律**　1年发生1代，以成虫在土中越冬。成虫一般4月中旬至5月上旬开始出土，5月下旬至6月上旬为发生盛期，6月中旬以后成虫逐渐减少，7月中旬几乎不可见。成虫5月中旬开始产卵，5月末至6月初为产卵盛期，6月上旬卵孵化为幼虫，幼虫共3龄，7月末化蛹，8月上中旬为化蛹盛期。8月中下旬开始羽化，成虫静休于土壤中，不出土进行越冬，而于翌年出蛰危害。主要以成虫啃食叶片、嫩叶、顶芽危害，幼虫也会对幼树根部组织造成危害。

**防治方法**　①清除田边杂草，施用充分腐熟的粪肥，适时灌水，结合秋季施基肥深翻土壤，破坏成虫生存条件。成虫盛期傍晚集中捕杀。②发生盛期，喷施3%啶虫脒乳油3.35mL/hm²、48%毒死蜱乳油4mL/hm²；2.5%溴氰菊酯、5%S-氰戊菊酯、2.5%氟氯氰菊酯等1～1.5mL/hm²，4.5%高效氯氰菊酯2000倍液或1.8%阿维菌素2000倍液。③金龟子白僵菌30.15kg/hm²进行土壤处理防治幼虫。④保护和利用益鸟、青蛙、蟾蜍等天敌。

被害状

成虫

## 2　江南大黑鳃金龟

**学　　名**　*Nigrotrichia gebleri*（Faldermann）

**别　　名**　东北大黑鳃金龟、华北大黑鳃金龟、大黑鳃金龟、朝鲜黑金龟子

**分类地位**　鞘翅目（Coleoptera）鳃金龟科（Melolonthidae）

**形态特征**　成虫：长椭圆形，体长16～21mm，宽8～11mm，黑色或黑褐色，油亮具光泽。唇基短阔，前侧、侧缘上翘，前缘中凹明显。触角10节，鳃状部3节。胸、腹部生有黄色长毛。前胸背板宽约为长的2倍。鞘翅上散布刻点，小盾片近半圆形，每一鞘翅上有4条纵隆起线，鞘翅会合处缝肋显著。前足胫节外侧有齿3个，中后足胫节有端距2根。雌虫末节腹面中央隆起，其前方横沟不明显；雄虫末节腹面中央凹陷，前方有较深的横沟1条。

卵：椭圆形，长约3.5mm，宽约1.5mm，乳白色。

幼虫：乳白色，老熟幼虫体长35～45mm。头部前顶毛每侧3根，成一纵行，其中2根彼此紧靠，位于冠缝两侧，另一根则接近额缝中部。肛门孔呈三射裂缝状，前方散生扁形、尖端钩状的刚毛，向前延伸到肛腹片后部1/3处。

蛹：椭圆形，长约20mm，宽约8mm，初为黄白色，后变橙黄色。尾节有突起1对。

**寄　　主**　松、落叶松、桑、榆、杨、柳、李、山楂、苹果等。

**分　　布**　辽宁、黑龙江、吉林、内蒙古、北京、河北、陕西、甘肃、宁夏、山东、江苏、浙江、安徽、江西等地。辽宁省内分布于沈阳等地。

**发生规律**　2年发生1代，以成虫和2～3龄幼虫在土中隔年交替越冬。越冬幼虫5月上中旬上移表土危害当年生的幼苗和2～3年生幼树的根部。7—8月间幼虫入30cm左右深土中化蛹。羽化后成虫在原处越冬。越冬成虫4月中下旬出土活动。5月中旬到7月下旬为活动盛期，6月上旬到7月下旬为产卵盛期。发生数量与土质及水分有密切关系，厩肥等有机质含量丰富的地块发生多，壤土及沙壤土次之，沙土中最少。成虫白天在土中潜伏，黄昏活动。卵散产于表土中，每雌虫产卵约100粒。成虫具有假死性和趋光性，主要危害植物叶部。

**防治方法**　①参照黑绒鳃金龟防治方法。②成虫发生盛期，利用成虫假死性，振落捕杀；③用糖醋液（糖5份，醋20份，白酒2份，水80份）诱杀成虫。④5—9月利用灯光诱杀成虫。

成虫

成虫　　　　　　　　　　　　　　　幼虫

## 3 铜绿异丽金龟

**学　　名**　*Anomala corpulenta* Motschulsky

**别　　名**　铜绿丽金龟、铜绿金龟子

**分类地位**　鞘翅目（Coleoptera）丽金龟科（Rutelidae）

**形态特征**　成虫：体长16～20mm，宽8～10mm，背面呈光亮的铜绿色。头部较大，深铜绿色。复眼黑色，大而圆。触角9节，黄褐色。鞘翅为黄铜绿色，有光泽，具3条不甚明显的纵隆脊，会合处隆起带较明显。前、中足具大小不等爪2个，大爪端部分叉，后足大爪不分叉。雌虫腹面乳白色，末节为棕黄色横带；雄虫腹面棕黄色。

卵：长1.7～2mm，宽1.3～1.5mm，白色，初产时为长椭圆形，逐渐膨大至近球形。

幼虫：3龄幼虫体长约40mm，头宽约4.8mm，暗黄色，近圆形。腹部末端2节自背面观为泥褐色且带有微蓝色。臀板腹面具刺毛列，每列多由13～14根长锥刺组成，2列刺尖相交或相遇，其后端稍向外岔开，钩状毛分布在刺毛列周围。

蛹：椭圆形，略扁，末端圆平，长约17mm，宽约9.6mm，土黄色。雌蛹末节腹面平坦且有细小的飞鸟形皱纹1条，雄蛹末节腹面中央阳基呈乳头状突起。

**寄　　主**　杨、柳、榆、松、杉、栎、油桐、油茶、板栗、核桃、枫杨、苹果、沙果、海棠、葡萄、梨、桃、杏、樱桃等多种林木和果树。

**分　　布**　辽宁、黑龙江、吉林、内蒙古、河北、山西、陕西、宁夏、山东、江苏、浙江、安徽、江西、河南、湖北、湖南、四川等地。辽宁省内分布于沈阳、大连、营口、辽阳等地。

**发生规律**　辽宁1年发生1代，以幼虫在土中越冬。翌年春季越冬幼虫开始活动，5月下旬至6月中下旬为化蛹期，7月上中旬至8月为成虫期。成虫食性杂、食量大，群集危害，夜间8—9时为活动高峰期，具有假死性和强趋光性。7月上中旬是产卵期，7月中旬至9月为幼虫危害期，幼虫主要危害树木根系，一般在傍晚或清晨爬到地表取食，有时在草坪上发生严重。10月中旬后陆续越冬。幼虫在春、秋两季危害最为严重。

**防治方法**　①参照黑绒鳃金龟防治方法。②用毒土法防治低龄幼虫。50%辛硫磷乳油500g与细土15～25kg充分混合，均匀撒在地面，浅锄入土壤；秋季用50%辛硫磷乳油2500～4500mL/hm²结合灌水施入土中。

被害状及成虫

成虫

成虫

幼虫

## 4 蒙古土象

**学　　名**　*Meteutinopus mongolicus*（Faust）

**分类地位**　鞘翅目（Coleoptera）象甲科（Curculionidae）

**形态特征**　成虫：体长约7mm，浓黑色，全体密被黄褐色绒毛，复眼黑色，圆形，微凸起。头管较短，触角柄节极长，静止时置于触角沟中。前胸背板两侧呈球面状隆起，小盾片半圆形。鞘翅表面密被黄褐色绒毛，其间杂以褐色毛块，形成不规则斑纹，并有刻点列10条。腿节较粗，前足胫节有钝齿1列。雌虫前胸背板宽短，鞘翅末端圆锥形。雄虫前胸背板窄长，鞘翅末端钝圆锥形。

卵：椭圆形，长约0.9mm，宽约0.5mm，初产时乳白色，后变为黑褐色。

幼虫：体长约1mm，老熟时体长6~9mm，初乳黄色，粗壮，后变乳白色，无足，稍弯曲。

蛹：椭圆形，长5~6mm，乳黄色，复眼灰色，喙下垂，头部、腹部背面有褐色刺毛。

**寄　　主**　刺槐、杨、柳、核桃、板栗、紫穗槐、桑树等。

**分　　布**　辽宁、黑龙江、吉林、华北、山东、内蒙古等地。辽宁省内分布于沈阳等地。

**发生规律**　辽宁、吉林地区2年发生1代，以成虫和幼虫在土中越冬。4月中旬日平均气温达10℃左右时成虫即出土活动，5月上旬产卵，下旬孵化出幼虫，9月下旬幼虫做土窝休眠，继而越冬；翌年6月中旬化蛹，7月上旬羽化为成虫，并在原处越冬。成虫具有假死性和群集取食习性。卵散产于表土中，每雌虫产卵80~90粒。卵历期约13d，幼虫孵化后钻入土中取食腐殖质及植物根系。蛹期17~20d。雌成虫寿命57~157d，雄成虫46~96d。

**防治方法**　①苗根地上部套塑料袋，既能阻隔害虫危害，又能保温保湿，增强树势。②利用灯光诱杀成虫。③向苗眼撒毒土；虫口密度大时，可向树冠喷药。

被害状

成虫

## 5　八字地老虎

**学　　名**　*Xestia c-nigrum*（Linnaeus）

**分类地位**　鳞翅目（Lepidoptera）夜蛾科（Noctuidae）

**形态特征**　成虫：体长约16mm，翅展35～40mm。前翅灰褐色，前缘中部有1个大三角形白斑。楔形斑、肾形斑均明显，中间灰色具黑色边，基横线、内横线以及外横线均为双线、灰褐色。后翅灰白色。

卵：圆形，直径约0.5mm。初产乳白色，卵壳柔软，卵表面有纵刻纹。

幼虫：体长30～40mm，头黄褐色，颅侧区有许多不规则网状斑。体淡黄色，背线淡灰色，亚背线由间断的黑褐色条纹组成，背面观呈1对"八"字形纹。气门线黑褐色，气门片以下黄色。

蛹：长18～24mm，腹部第4～6节上有红色的点刻，臀部有2对刺，外部1对刺向外弯曲。

**寄　　主**　柳、葡萄等。

**分　　布**　全国各地。辽宁省内分布于丹东等地。

**发生规律**　1年发生2～3代，以蛹及老熟幼虫越冬。4月为第1次成虫发生盛期，4月中下旬越冬老熟幼虫化蛹，5月下旬至6月上旬是幼虫危害盛期。6月中下旬为第2次成虫发生盛期，7月中下旬幼虫危害。8月上中旬为第3次成虫发生盛期，9月下旬至10月上旬化蛹。成虫具强趋光性，每雌蛾通常产卵千粒左右，卵期5～7d。初孵幼虫常群集于幼苗上啃食嫩叶。幼虫3龄以后白天在表土的干湿层间潜伏，夜间活动取食，常咬断幼苗嫩茎拖入土穴内咬食。当植株木质化后则改食嫩芽和叶片，秋后取食杂草及小蓟。9月末10月初老熟幼虫潜入6cm左右土中做土室化蛹，蛹期20～25d，野外10月1日见蛹。雌蛾寿命约10d，雄蛾寿命约7d。

**防治方法**　①初龄幼虫期铲除杂草，消灭部分虫卵。②用泡桐叶或莴苣叶诱捕幼虫，用糖、醋、酒液或甘薯、胡萝卜等发酵液诱杀成虫。③幼虫3龄前用喷雾、喷粉或撒毒土进行防治；幼虫3龄后，田间出现断苗、断垄，可用毒饵或毒草诱杀。

成虫

幼虫

## 二、顶芽及枝梢害虫

### 6 落叶松球蚜指名亚种

| | |
|---|---|
| **学　名** | *Adelges laricis laricis* Vallot |
| **分类地位** | 半翅目（Hemiptera）球蚜科（Adelgidae） |
| **形态特征** | 干母成虫体圆形，密被一层厚白色絮状分泌物；越冬若虫长椭圆形。伪干母成蚜棕黑色，半球形，背部6纵列疣明显而有光泽；越冬若虫体卵圆形，黑褐色，体表无分泌物。性母胸背部具明显翅芽，背面疣6列，明显而有光泽；成蚜黄褐至褐色，具翅，腹部背面蜡片排列整齐。侨蚜进育型若虫体暗褐色，自中胸开始6列小疣整齐排列并隆起，2龄起体表出现白色分泌物；停育型若虫形态同伪干母越冬若虫，无翅成虫椭圆形，密被绿豆粒大小的白絮蜡质。性蚜雌虫橘红色，雄虫色暗。 |
| **寄　主** | 云杉、落叶松。 |
| **分　布** | 从东北大兴安岭到新疆天山山脉，山东、陕西、四川等地。辽宁省内分布于大连、抚顺等地。 |
| **发生规律** | 2年发生1代，以性蚜若蚜在云杉芽上和有翅瘿蚜若蚜在落叶松上越冬。翌年4月云杉上若蚜活动，分泌蜡质，6月干母刺激开始萌动的云杉冬芽，导致针叶和主轴变形，形成虫瘿，内居瘿蚜，8月虫瘿开裂，有翅瘿蚜飞离云杉到落叶松上，孤雌产卵，8月孵化，以此越冬，翌年5月瘿蚜飞离落叶松迁回云杉，8月性蚜卵孵化并越冬。该虫多发生于郁闭度较大的林分中，但过于郁闭不利其繁衍，控制林分的郁闭度可抑制其大发生。幼龄若蚜对杀虫剂敏感，第1代侨蚜初孵若蚜是防治关键时期。 |
| **防治方法** | ①加强营林管理，避免云杉与落叶松混交或近距离栽植。②云杉上虫瘿开裂前剪除虫瘿，集中烧毁。③3月下旬至4月上旬，喷施2.5%溴氰菊酯、5%氯氰菊酯2000倍液；5月中旬至6月上旬，第1代侨蚜和第2代侨蚜孵化盛期喷施1%苦参碱可溶性液剂1000倍液。瘿蚜迁飞期内喷施10%吡虫啉可湿性粉剂2000倍液。④保护和利用异色瓢虫、七星瓢虫及月斑鼓额食蚜蝇等天敌。 |

云杉苗木被害状

落叶松被害状

若虫及分泌蜡丝

虫瘿

## 7　马尾松长足大蚜

**学　　名**　*Cinara formosana*（Takahashi）

**别　　名**　松大蚜

**分类地位**　半翅目（Hemiptera）斑蚜科（Callaphididae）

**形态特征**　成蚜：体较其他蚜虫大，体长2.8~3.0mm，黑褐色或赤褐色，复眼黑色，触角丝状，6节。有翅成蚜腹端稍尖，翅膜质，前缘黑褐色。无翅孤雌蚜体粗壮，腹端钝圆，被有白色蜡粉。

若蚜：体与无翅成蚜相似，体长约2mm，初淡棕黑色，4~5d变为黑褐色。

卵：长椭圆形，长1.8~2.0mm，黑色。

**寄　　主**　油松、红松、赤松、樟子松、马尾松等。

**分　　布**　辽宁、内蒙古、河北、山东、陕西、山西、河南及华南地区。辽宁省内分布于沈阳、抚顺、锦州、阜新、铁岭、朝阳等地。

**发生规律**　1年发生多代，以卵成排在枝梢松针上越冬。翌年4月下旬或5月上旬孵化为若虫，中旬出现干母（无翅雌成虫）孤雌胎生生殖，6月中旬出现有翅侨蚜迁飞扩散，5—10月上旬均可见到成虫和各龄期若虫，10月中旬出现性蚜（有翅雌蚜、雄蚜），交尾后雌蚜在针叶上产卵。成虫、若虫均刺吸枝梢树液，造成枯梢、枯叶，树势衰弱。

**防治方法**　①发生期喷施50%抗蚜威2000倍液、40%蚜灭多1000~1500倍液、1.2%烟碱·苦参碱500倍液、10%吡虫啉可湿性粉剂2000倍液等药剂。②保护和利用瓢虫、食蚜蝇、草蛉等天敌。

被害状

成虫

卵

## 8　日本松干蚧

**学　　名**　*Matsucoccus matsumurae*（Kuwana）

**别　　名**　赤松干蚧、辽宁松干蚧

**分类地位**　半翅目（Hemiptera）珠蚧科（Margarodidae）

**形态特征**　成虫：雌虫卵圆形，头端略窄，腹末肥大，橙褐色或橙红色，体节不明显；触角9节，基部2节粗大，其余为念珠状；口器退化仅留痕迹；胸足3对，转节小，呈三角形；全身的背腹两面均有双孔管腺分布。雄虫头、胸部黑褐色，腹部淡褐色；复眼大而突出，紫黑色；口器退化；前翅发达，膜质半透明，翅面有明显的羽状纹，后翅退化成平衡棍；腹部第8节背面马蹄形硬片上生有管状腺，可分泌白色长蜡丝。

卵：椭圆形，极小，长约0.2mm，橙黄色，包裹于白色卵囊中。

若虫：1龄若虫体长约0.3mm，橙黄色，2龄若虫为无肢若虫，触角和足消失。雌雄分化显著，雌若虫长约1.8mm，扁圆形，橙褐色；雄若虫较小，长约1mm，椭圆形，褐色或黑褐色。

蛹：预蛹与雄若虫形态相似。雄蛹包于小白茧中。

**寄　　主**　黑松、赤松、油松等。

**分　　布**　辽宁、吉林、河北、山东、江苏、浙江、安徽等地。辽宁省内分布于大连、抚顺、本溪、丹东、营口、辽阳、铁岭等地。

**发生规律**　1年发生2代，以1龄寄生若虫越冬。3月上旬开始显露，3月中旬雄若虫蜕皮化蛹。5月上旬3龄雄若虫经结茧、化蛹，羽化为成虫，雌若虫蜕皮后即为成虫。羽化后即交尾，产卵于轮生枝节、树皮裂缝、球果鳞片、新梢基部等处，雌虫分泌丝质包裹卵形成卵囊。每雌虫平均产卵200余粒，第1代卵期9～12d、第2代13～21d。初孵若虫沿树干爬行活动1～2d后，即潜于树皮裂缝和叶腋等处固定寄生，成为寄生若虫。寄生若虫危害期为4月下旬至10月下旬，此时虫体很小，隐蔽，很难被发现和识别，即"隐蔽期"。寄生若虫蜕皮后，触角和足等附肢全部消失，雌、雄分化，虫体迅速增大而显露于皮缝外为"显露期"，为危害最严重时期。

**防治方法**　①加强检疫，严禁虫源木调运。②加强营林管理，及时清除虫害木、枯立木、濒死木等。③若虫期喷施噻嗪酮乳油1000倍液或噻嗪酮1500倍液。④保护和利用异色瓢虫、蒙古光瓢虫、盲蛇蛉、黑叉胸花蝽等天敌。

被害状

被害状

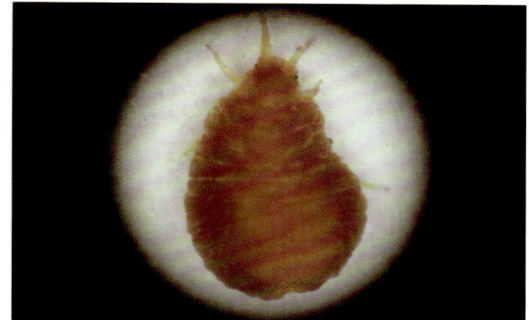

雌成虫

若虫

卵囊

茧

## 10　白蜡蚧

| | |
|---|---|
| **学　　名** | *Ericerus pela*（Chavannes） |
| **别　　名** | 白蜡虫 |
| **分类地位** | 半翅目（Hemiptera）蚧科（Coccidae） |

**形态特征**　成虫：雌虫受精前背部隆起，形似蚌壳；受精后膨胀成半球，长约10mm，高约8mm，背面黄褐色；产卵后虫体近球形，触角6节，胸足跗节与胫节几乎等长。雄虫体长约2mm，翅展约5mm，背面黄褐色、红褐色；前翅近透明，具虹彩闪光，后翅为平衡棍，端部有钩3个；触角丝状10节，腹部灰褐色，倒数第2节两侧有2根白色长蜡丝。

卵：长卵形，长约0.4mm，雌卵红褐色，雄卵淡黄色。

若虫：初孵雌若虫体近长卵形，红褐色，腹末有蜡丝1对，2龄阔卵形，长约1mm，淡黄绿色，背部微隆起，中脊灰白色，臀裂灰褐色，腹末蜡丝白色与体等长。初孵雄若虫卵形，淡黄色，腹末有细长蜡毛2条；2龄雄若虫卵圆形，长约0.8mm，淡黄褐色，体背中脊隆起，触角7节。

蛹：长约2.4mm，黄褐色，眼点暗紫色。

**寄　　主**　女贞、白蜡树、水蜡树、漆树等。

**分　　布**　辽宁、黑龙江、吉林、内蒙古、河北、陕西、山东、江苏、浙江、安徽、江西、福建、河南、湖北、湖南、广东、广西、四川、贵州、云南等地。辽宁省内分布于沈阳、辽阳等地。

**发生规律**　1年发生1代，以已完成受精的雌成虫在枝条上越冬。翌年3月下旬越冬雌成虫虫体孕卵膨大，腹壁凹陷成内腔以藏卵粒，4月上旬虫体变为绯红色，开始产卵，先产雌卵，后产雄卵，卵期约7d。5月上旬孵化为若虫并开始危害，平均气温达18℃时，雌若虫开始孵化，平均气温达19～20℃时，雄若虫开始孵化。初孵若虫在母体附近叶片上寄生，2龄后转移至枝条上危害，雄若虫定干1个月以后化蛹，分泌白色疏松泡沫状蜡环包虫体和枝条，严重时，整个枝条呈白色棒状。9月上旬蛹羽化为雄成虫，寻找雌成虫交配，5～10d后死亡，8月2龄雌幼虫变为成虫，交配后，虫体逐渐长大并越冬，翌年3—4月产卵，不久死亡。

**防治方法**　①剪除虫害枝条，集中烧毁。②初冬和早春向枝干喷施3～5波美度石硫合剂。③初孵若虫期喷施25%高渗苯氧威可湿性粉剂300倍液、10%吡虫啉可湿性粉剂2000倍液。

被害状

雌蚧

雌蚧中的卵

卵块

雌蚧壳

吊糖

泌蜡

## 11　朝鲜毛球蜡蚧

| | |
|---|---|
| **学　　名** | *Didesmococcus koreanus* Borchsenius |
| **别　　名** | 朝鲜球坚蚧 |
| **分类地位** | 半翅目（Hemiptera）蚧科（Coccidae） |

**形态特征**　成虫：雌虫初期半球形，黄褐色，交配后渐变球形；介壳长4.0～6.5mm，宽3.0～5.5mm，高3.0～5.5mm；后期红褐色至黑褐色，体表有蜡质层；体壳坚硬，龟甲状，背面隆起有光泽，背中央有3～4条断续的纵行小沟痕，由此向两侧分布对称的横皱脊纹，中部有突出的脊，腹部末端具臀裂缝。雄虫体长1.5～2.0mm，有足和前翅，翅前缘具增厚的淡红色带；红褐色，触角丝状，腹部末端有2根白色细长的蜡线；雄介壳椭圆形，黄褐色，长1.8～2.5mm，宽1～1.5mm；羽化后介壳白色或灰白色，半透明。

卵：长椭圆形，两端略尖，长0.2～0.3mm，乳白色，近孵化时黄褐色。

若虫：1龄若虫刚孵出时橙色，椭圆形，扁平，长约0.4mm，宽0.2～0.3mm，体缘有褶皱。头区两侧有小眼1对，黑色，突出。体缘有半球形管腺13对。

蛹：长约1mm，淡黄红色，有污黑色斑，有翅芽、胸足、触角及生殖鞘雏形。

茧：雄茧白色，半透明，背面长圆形，有多余横脊和二纵沟，背面末端1/4处有一断缝，两侧有小突起1对；腹面袋状，头胸部开口，虫体与寄主相接，腹部装在袋中。

**寄　　主**　杏、李、桃、梅、樱桃等蔷薇科植物。

**分　　布**　东北、西北、华北、西南、华东、华中等地。辽宁省内分布于朝阳等地。

**发生规律**　1年发生1代，以2龄若虫在寄主枝条上越冬。翌年3月下旬气温回升后，稍做移动即就近固定在枝条嫩皮处刺吸汁液，分泌蜡质，在体表形成一层透明薄蜡片，4月中旬雌虫蜕皮后，成虫开始膨大。雄虫陆续进入预蛹期，3～4d内由腹部至全体渐发白，形成薄茧，蜕皮化蛹，5月上中旬再蜕皮羽化，先从薄茧末端送出蛹皮，伸出白色长蜡丝，再爬出寻雌虫交尾。5月下旬至6月上旬产卵，6月上旬开始孵化出若虫，中旬为盛期。出壳若虫分散后，大量聚集在枝条和较粗枝干表皮剥裂形成的翘皮下、裂缝中及幼枝、新叶形成的荫蔽场所危害，并分泌白色蜡丝，于体表形成一层蜡壳，将虫体罩起来。秋季蜕皮后以2龄若虫越冬。该虫以成、若虫刺吸寄主枝条，导致树木生长衰弱。分泌蜜露，诱发煤污病。

**防治方法**　①加强营林管理，增强树势。②4月上中旬刮除、清理雌虫体，集中烧毁。③秋季落叶后至翌年开花或展叶前为防治越冬代最佳期，喷施3～5波美度石硫合剂杀灭越冬虫体。④若虫孵化后1～2龄期喷施10%吡虫啉可湿性粉剂2000倍液或20%速克灭乳油1000倍液。⑤保护和利用跳小蜂和黑缘红瓢虫等天敌。

被害状

雌蚧和大量幼蚧

若蚧

雌蚧

异色瓢虫捕食

蜜露

## 12 白蜡绵粉蚧

**学　　名** *Phenacoccus fraxinus* Tang

**分类地位** 半翅目（Hemiptera）粉蚧科（Pseudococcidae）

**形态特征** 成虫：雌虫体椭圆形，长4.5～6.0mm，褐色，腹面平，背面略隆起，全体覆被白色蜡粉，分节明显，分节处蜡粉薄；体缘有白色蜡丝18对；腹脐5个，中部1个最大，向两侧突成盘形，其上下2个小而同形，第1个和第5个近圆形或椭圆形。雄虫体长约2mm，翅展约4mm，初黄白色，后黑色，腹末有白色长短蜡丝各1对，交尾器呈短锥状。

卵：椭圆形，橘黄色；卵囊白色，长形。

若虫：初孵时椭圆形，长约0.4mm，宽约0.2mm，各体节两侧有刺状突起。足发达，尾端有白色长短蜡丝各1对。夏型黄色，冬型灰色。

蛹：雄蛹长椭圆形，淡黄色，长1.0～1.8mm，宽0.5～0.8mm。

茧：长椭圆形，灰白色，丝质。

**寄　　主** 白蜡、水蜡、核桃楸、柿、重阳木、核桃、臭椿、悬铃木和复叶槭等。

**分　　布** 辽宁、内蒙古、北京、山西、甘肃、青海、河南等地。辽宁省内分布于鞍山等地。

**发生规律** 1年发生1代，以若虫在树皮缝、芽鳞间、旧蛹茧或卵囊内越冬。翌年3月上中旬若虫开始活动取食，以刺吸式口器吸食寄主汁液，分泌蜜露，影响寄主的光合作用，造成树势衰弱。发生严重时寄主枝干上的卵囊如棉絮状。3月中下旬雌雄分化，雄若虫分泌蜡丝结茧化蛹，4月上旬为盛期，3～5d后羽化为雄虫并交尾。4月初雌虫开始产卵，4月下旬为产卵盛期，4月底至5月初产卵结束。4月下旬至5月底为孵化期，5月中旬为孵化盛期，若虫危害至9月以后开始越冬。

**防治方法** ①加强苗木检疫。②加强营林管理，抚育间伐。改善土肥条件，增强植株抗虫力。③刮除清理蚧体，集中烧毁。④早春树木萌芽前，喷施0.5波美度石硫合剂。5—8月1龄若虫期，喷施20%蚧虫净乳油1000倍液。

被害状

卵囊

雌成虫

## 13 柳蛎盾蚧

| | |
|---|---|
| 学　　名 | *Lepidosaphes salicina* Borchsenius |
| 别　　名 | 柳蛎蚧、柳牡蛎蚧 |
| 分类地位 | 半翅目（Hemiptera）盾蚧科（Diaspididae） |

**形态特征**　成虫：雌虫体长3.2～4.3mm，黄白色，纺锤形，整体形状前半部分窄，后半部分宽，臀板黄色；触角短，具2根长毛；复眼，足均消失，无翅，口器为丝状口针。雄虫黄白色，触角10节，胸部淡黄褐色，复眼膨大，口器退化；有1对膜质翅，翅脉简单，后翅退化成平衡棍；腹部末端有长形的交尾器。

卵：椭圆形，长约0.2mm，黄白色。

幼虫：1龄若虫体长约0.3mm，宽约0.15mm，椭圆形，扁平；触角6节，发达，柄节较粗，端节细长并生有长毛；有口器和3对足；腹末有2根刺毛；背面附有一层白丝状物；蜕皮后，触角、足消失，身体分泌蜡质，并与蜕下来的皮构成介壳。2龄若虫体纺锤形。

蛹：长约1.0mm，黄白色，无口器，具有成虫雏形。

**寄　　主**　杨、柳、核桃、白蜡、忍冬、卫矛、丁香、枣、桦、椴、稠李、榆、蔷薇和多种果树。

**分　　布**　辽宁、黑龙江、吉林、内蒙古、河北、山西、甘肃、宁夏、青海等地。辽宁省内分布于沈阳、营口、辽阳、铁岭等地。

**发生规律**　1年发生1代，以卵在雌介壳内越冬。5月中下旬越冬卵开始孵化，初孵若虫沿树干、枝条向上迁移，12d后寻找到适当位置固定并刺吸枝干，对幼林危害尤为严重，整个若虫期30～40d。雌若虫7月中旬蜕皮为雌成虫；雄若虫蜕皮为预蛹，羽化为雄成虫后在树干上爬行寻找雌成虫交尾，以傍晚交尾最多，雌雄成虫均能多次交尾，雌雄性比为7.3∶1。8月开始产卵，产卵前雌虫分泌蜡丝形成介壳中发达的背膜和腹膜，卵产于其中，产卵虫体渐向介壳前端收缩、卵藏于介壳下虫体收缩后的部位。每雌虫产卵77～137粒，产卵后雌成虫死去。卵期长达290～300d，其抗逆性很强。纯林重于混交林，杨树重于其他树种，青杨派重于黑杨派，树干上部重于下部，枝条重于主干，阴面重于阳面。

**防治方法**　①加强营林管理，抚育间伐。②若虫初孵期向枝叶喷施10%吡虫啉可湿性粉剂2000倍液，植物冬眠期向植株喷施3～5波美度的石硫合剂。③保护和利用红点唇瓢虫、蒙古光瓢虫、方斑瓢虫、桑盾蚧黄金蚜小蜂、半疥螨等天敌。

被害状

雌蚧壳

雌蚧玻片

## 14 松尖胸沫蝉

**学　　名**　*Aphrophora flavipes* Uhler

**别　　名**　松沫蝉

**分类地位**　半翅目（Hemiptera）尖胸沫蝉科（Aphrophoridae）

**形态特征**　成虫：体长9～10mm，淡褐色。头部前方稍突出，中央部黑褐色，两侧黄褐色。复眼黑褐色，单眼2个，红色。触角针状，共3节。前胸背面淡褐色，前缘中部黑褐色，中线隆起。小盾片正三角形，黄褐色，中央颜色较暗。翅灰褐色，翅基部和中部的宽横带及外方的斑纹为茶褐色。胸足3对，跗节3节。后足胫节外侧有2个明显的棘刺。

卵：长约1.9mm，宽约0.6mm，呈弯披针形或茄形；初产时乳白色，后变淡黄褐色；在较尖的一端有1条黑色纵斑纹。

若虫：1龄若虫头胸部黑色或黑褐色，腹部淡红色。末龄若虫体黑褐色或黄褐色。头部两侧有赤褐色复眼1对。触角刚毛状，位于复眼前方。胸部背面生有翅芽。在头胸部背面的中央有1条黄褐色的中线。腹部9节，末端较尖。胸足3对，跗节端部有爪。

**寄　　主**　黑松、油松、赤松、华山松、白皮松等。

**分　　布**　辽宁、黑龙江、吉林、内蒙古、北京、河北、陕西、山东、江苏等地。辽宁省内分布于锦州、阜新、铁岭等地。

**发生规律**　1年发生1代，以卵在松树当年生枝梢针叶的叶鞘内越冬。翌年4月下旬孵化，5月上旬为孵化盛期。若虫喜欢群居，通常3～5头，最多可达30头以上。蜕皮4次，共5龄，若虫期60～70d。7月上旬为羽化盛期。成虫羽化后补充营养期较长，以口针刺吸嫩梢的针叶基部，分散危害，不再排泄泡沫，对松树危害亦轻。成虫多栖息于小枝上，受惊扰即弹跳或作短距离的飞翔。8月中旬交尾并产卵于松树当年生枝梢针叶的叶鞘内。每雌虫最多可产卵66粒，最少28粒。

**防治方法**　①晚秋和早春剪除被害枝。②成虫和若虫发生盛期喷施10%吡虫啉2000倍液或1.8%阿维菌素2000倍液。

被害状

成虫

成虫

若虫

若虫

蛹

## 15 柳瘿蚊

**学　　名**　*Rabdophaga salicis*（Schrank）

**分类地位**　双翅目（Diptera）瘿蚊科（Cecidomyiidae）

**形态特征**　成虫：体长约2.5mm，褐黑或褐红色。头小，黑色。复眼黑色，几乎占据整个头部。触角念珠状，16节，各节轮生细毛。中胸背板发达。翅透明，仅3条暗红色纵脉。雌虫腹部暗红色，雄虫腹部褐色。足很长，灰黄色。

卵：长椭圆形，橙黄色。

幼虫：初孵幼虫长约0.5mm，橘红色，半透明，前端稍尖，腹部粗大，13节，无足；老熟幼虫体长约34mm，纺锤形，橙黄色，中胸腹面有一褐色"Y"形骨片。

蛹：裸蛹，橘红色，长3～4mm、宽约1.1mm，头部前缘具1对褐色角状突起。

**寄　　主**　旱柳、垂柳等柳树。

**分　　布**　东北地区，宁夏、新疆、河南、山东、江苏、安徽、湖北等地。辽宁省内分布于营口等地。

**发生规律**　1年发生1代，以幼虫在瘿瘤内越冬。翌年春季化蛹、羽化，成虫寿命约12d。每雌虫约产卵150粒，卵多聚产（少数散产）于膨大的柳芽基部、嫩枝、羽化孔或枝干伤口处，每芽着卵达百粒，卵期约910d。初孵幼虫自枝条幼嫩部位、芽或叶上钻入表皮取食，分泌黏液使蛀食部位坏死。老熟幼虫化蛹前先做蛹室，并咬一不完全穿透表皮的羽化孔，化蛹后蛹体向外蠕动并羽化，蛹皮则密集留在羽化孔上。成虫多产卵于旧羽化孔里的形成层和木质部之间，首次受害常不形成瘿瘤，同一部位反复受害致使受害部位逐年增大形成瘿瘤。

**防治方法**　①加强检疫，禁止截取带虫柳干栽插造林。②剪除清理虫瘿，集中烧毁。③早春机油乳剂涂刷瘿瘤，杀死其中老熟幼虫和蛹。成虫期喷施2.5%溴氰菊酯6000倍液。④保护和利用黑细蜂、蜘蛛、蚂蚁、啄木鸟等天敌。

虫瘿

虫瘿

成虫 幼虫

# 三、食叶害虫

## 16 中华稻蝗

**学　　名**　*Oxya chinensis*（Thunberg）

**分类地位**　直翅目（Orthoptera）蝗科（Acrididae）

**形态特征**　成虫：雌虫体长19.6～40.5mm，雄虫体长15～33mm，体绿色或黄褐色。体两侧由复眼后方至前翅各有1条黑褐色纵带，前翅前缘有微齿状刺列，后翅淡绿色。后足腿节上侧淡红色，沿上隆线有黑色斑点，余为绿色至黄绿色。雌虫下生殖板表面向外凸出，纵脊不明显，后缘几乎成横切形，其中央有1对小刺或无刺；雄虫尾须近圆锥形，肛上板基部两侧无明显横褶。
卵：长圆筒形，稍弯曲，长约3.5mm，深黄色，斜排于卵囊内呈块状，卵块长10～14.4mm，卵囊内有卵10粒至百余粒。
若虫（蝗蝻）：一般6龄，有的仅5龄。初龄体绿色，无翅芽，从2龄后体色变化较大，绿色至黄绿色，头胸两侧黑褐色纵纹逐渐明显，末龄翅芽达腹部第3节。

**寄　　主**　杨、柳、榆、槐、桃树等。

**分　　布**　辽宁、内蒙古、吉林、河北、甘肃、山西、陕西、山东、江苏、浙江、安徽、江西、湖北、湖南、福建、广东、广西、四川、云南、贵州、海南、台湾等地。辽宁省内分布于沈阳、鞍山、抚顺、本溪、丹东、锦州、营口、辽阳、盘锦、朝阳等地。

**发生规律**　北方1年发生1代，南方1年发生2代，以卵在田埂及其附近荒草地的土中越冬。南方越冬卵翌年3月下旬至清明前孵化，1～2龄若虫多集中在田埂或路边杂草上；3龄开始取食叶片，食量渐增；4龄起食量大增，且能咬茎，至成虫时食量最大。北方越冬卵5月中下旬孵化，7—8月羽化为成虫，9月中下旬为产卵盛期，以后成虫陆续死亡。成虫多在早晨羽化，在性成熟前活动频繁，飞翔力强。对白光和紫光有明显趋性。成虫交尾后多在湿度适中、土质疏松的田埂两侧产卵。道路、田埂、沟边、田头地角、荒地等杂草丛生，有利于蝗虫栖息和繁殖。

**防治方法**　①冬春季铲除田埂草皮，破坏越冬场所。②利用3龄前若虫群集在田埂、地边、渠旁取食杂草嫩叶特点，突击防治。3～4龄后喷施5%氟虫脲乳油1000～2000倍液、20%除虫脲悬浮剂1000～1500倍液、20%杀灭菊酯乳油2000倍液或4.5%高效氯氰菊酯1000倍液。③保护和利用青蛙、蟾蜍等天敌。

若虫及被害状

成虫

## 17　中华剑角蝗

| | |
|---|---|
| **学　　名** | *Acrida cinerea*（Thunberg） |
| **别　　名** | 大尖头蜢、中华蚱蜢 |
| **分类地位** | 直翅目（Orthoptera）蝗科（Acrididae） |

**形态特征**　成虫：雌虫体长30～80mm，前翅长25～65mm，体细长，雄虫略小。头圆锥形，长于前胸背板，头顶突出，颜面隆起，极狭而向后倾斜，全长具纵沟。复眼长卵形，着生头顶近前端。触角剑形，较短，基部数节较宽。前胸背板平宽，有小颗粒。前翅发达，狭长，超过后足腿节顶端，翅顶尖锐；后翅略短于前翅，长三角形。后足腿节细长。

卵：长椭圆形，初产时卵壳表面小瘤状突起呈近圆形分布，随着发育，小瘤状突起呈不规则分布。多个卵被泡沫状胶质物包被形成卵囊，卵囊长43～67mm，直径8～9mm，形状多样，一般下粗，向上渐细。

若虫：共6龄，体形似成虫，小而无翅。

**寄　　主**　杨、柳、榆、桑、核桃、板栗等。

**分　　布**　辽宁、黑龙江、吉林、河北、山东、江苏、安徽、浙江、江西、四川、广东、陕西等地。辽宁省内分布于沈阳、大连、鞍山、本溪、丹东、锦州、营口、辽阳、朝阳、葫芦岛等地。

**发生规律**　1年发生1代，以卵在土中卵囊内越冬。在华北、西北翌年6月越冬卵孵化，蝗蝻出现，7—8月羽化为成虫，6月下旬至9月为蝗蝻、成虫危害盛期，10月上中旬成虫陆续交配产卵，越冬。冬暖多雪，有利于卵的越冬；春夏之交多雨阴湿，土壤湿度大，不利于卵的孵化和蝗蝻发育，当年发生危害轻；干旱年份，管理粗放的园圃易见危害。

**防治方法**　①秋、春季铲除田埂、地边的土及杂草，致使卵块暴露晒干或冻死；增加盖土厚度，使孵化后的蝗蝻不能出土。②利用初孵蝗蝻扩散能力极弱的特点，喷施菊酯类触杀性较好的农药。③保护和利用麻雀、青蛙等天敌。

成虫

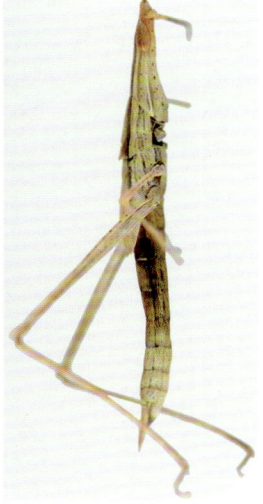

若虫

## 18　乌苏里短角枝䗛

| | |
|---|---|
| **学　　名** | *Ramulus ussurianus*（Bey-Bienko） |
| **别　　名** | 小齿短肛棒䗛、小齿短角枝䗛 |
| **分类地位** | 䗛目（Phasmida）䗛科（Phasmatidae） |

**形态特征**　成虫：体长81～98mm，细长，黄绿色，无翅。头较宽，头背中央有1条纵沟直伸至后头，触角丝状，中间有凹陷，长28～36mm。前胸背板长大于宽，中纵沟不到后缘，横沟位于近中央。腹部长于头、胸之和，自基部到端部有背中脊，腹部前端较粗大，后部渐窄，呈屋脊状，末端中央呈角形凹入。背中央有纵沟，肛上板三角形，后缘略呈圆弧形。腹瓣舟形，背端具明显中脊。尾须圆柱形，端窄。具3对步行足，前足腿节最长，明显长于中胸，下沿外线中央具小齿，中足腿节最短，基下间具小齿，中后足腿节下方也具数枚小齿，各足棱脊上生有整齐的细毛。

卵：略扁，长约3mm，厚约0.9mm，灰褐色或黑褐色，具有较坚硬的外壳，上面布满颗粒状突起，背、腹、后部中央有鼓起的隆线，卵盖斜平截，边缘有刺状突起。

若虫：与成虫十分相似，只是更为纤细，体长16～45mm，体色黄绿色至绿色，5～6龄若虫大小和外形与成虫相似，只腹部不膨大。

**分　　布**　辽宁、吉林等地。辽宁省内分布于大连、鞍山、抚顺、本溪、丹东等地。

**寄　　主**　杨、核桃楸、桦、榆、蒙古栎、榛、椴、忍冬、卫矛、稠李、槭等阔叶乔灌木。

**发生规律**　2年发生1代，跨3个年度，卵于第1年8月中旬产于地表面，并在枯枝落叶层中越冬，整个卵期长达约612d。第3年4月下旬开始孵化，孵化延续到6月上旬左右。初孵若虫2～3d后开始取食叶片，体色呈浅绿色，5次蜕皮6个龄期。7月下旬至9月中下旬为成虫期，新成虫经过7～10d取食叶片后产卵。

**防治方法**　①9月末对枯枝落叶层进行深翻，致卵冻死；若虫末期及成虫产卵期利用其假死性，进行人工捕捉。②2～3龄若虫期施放烟碱·苦参碱烟剂等无公害化学药剂。

成虫

卵壳　　　　　　　　　若虫　　　　　　　　群聚若虫

## 19　斑衣蜡蝉

| | |
|---|---|
| **学　　名** | *Lycorma delicatula*（White） |
| **分类地位** | 半翅目（Hemiptera）蜡蝉科（Fulgoridae） |

**形态特征**　成虫：雌虫体长18～22mm，翅展50～52mm；雄虫体长14～17mm，翅展40～45mm，体隆起。头小，头顶呈锐角，触角刚毛状，鲜红色。前翅基部2/3淡褐色，有10～20个黑色斑点，端部1/3黑色；后翅基部1/2红色，有6～7个黑色斑点。翅中有倒三角形白色区，翅膀及脉纹为黑色，翅上常有白蜡。

卵：长圆形，长约3mm，中部有纵脊，纵脊前端呈角状突，两侧有凹陷。聚集成块状，表面有粉红色蜡质。

若虫：1龄若虫体长约4mm，宽约2mm，体背有白色蜡粉。4龄若虫体长约13mm，宽约6mm，蚜翅明显，体背红色，足黑色，均具白色斑点。

**寄　　主**　臭椿、刺槐、榆、柳、悬铃木、栎、合欢、杨、槭、女贞、葡萄以及杏、李等多种蔷薇科植物。

**分　　布**　辽宁、北京、天津、河北、甘肃、陕西、山东、河南、江苏、浙江、湖北、安徽、福建、广东、云南、四川、台湾等地。辽宁省内分布于大连、鞍山、丹东、锦州、营口、阜新、朝阳、葫芦岛等地。

**发生规律**　1年发生1代，以卵在树皮缝中越冬。翌年4月孵化出若虫，6月中旬羽化为成虫，8月中旬开始交尾产卵，至10月下旬。成虫、若虫均能在枝条刺吸树液危害，伤口流液，并排出蜜汁，造成枝条枯死。

**防治方法**　①加强营林管理，营造混交林，保持林地卫生。②剪除产卵枝，集中烧毁；冬季刮除树干上及树皮缝中的卵块。产卵越冬前，树干刷涂白剂。③利用灯光诱杀成虫。④施放1.2%烟碱·苦参碱乳油1000倍液喷雾。若虫孵化盛期，向树冠喷施2.5%高效氟氯氰菊酯2000倍液。⑤保护和利用螯蜂、平腹小蜂等天敌。

成虫

若虫

若虫　　　　　　　　　　　　　　　　　卵块

## 20　杨潜叶跳象

**学　　名**　*Tachyerges empopulifolis*（Chen）

**分类地位**　鞘翅目（Coleoptera）象甲科（Curculionidae）

**形态特征**　成虫：近椭圆形，长2.3～2.7mm，宽1.3～1.5mm，黑色至黑褐色。复眼大，喙短向后弯曲。前胸背板覆被黄褐色向内的尖细卧毛。鞘翅长为宽的1.5倍，肩部较圆，鞘翅各行间有1列尖细卧毛，并散布短细淡褐色卧毛。小盾片舌形，密被白色鳞毛。

卵：长卵形，长约0.6～0.7mm，乳白色。

幼虫：老熟幼虫体长3.5～4mm，体扁宽，头小，半圆形，深褐色。无足，腹部7节，两侧有泡状突。

蛹：裸蛹，初乳白色，后变黄色，羽化前黑褐色。

**寄　　主**　小叶杨、青杨、北京杨、加杨等。

**分　　布**　辽宁、黑龙江、吉林、内蒙古、北京、河北、山西、山东、甘肃等地。辽宁省内分布于阜新等地。

**发生规律**　1年发生1代，以成虫在树干基部的枯枝落叶层下及1～1.5cm深的表土层内越冬。翌年4月上旬开始活动并产卵，4月下旬至5月上旬孵化出幼虫。初孵幼虫开始潜食叶肉，形成一个圆形直径4.5～5.0mm叶苞，食尽叶肉后，随叶苞掉落地面。幼虫在苞内伸曲，可在地面上不断弹跳。幼虫可危害到6月上旬。6月中旬为化蛹盛期，羽化后成虫在叶背取食，9月下树越冬。严重发生时林地树叶几乎全部被害，每叶片上有数个穿孔。

**防治方法**　①秋末收集落叶烧毁，翻耕土壤，减少越冬成虫基数。②4月成虫出蛰前，向树干基部地面喷施2.5%溴氰菊酯乳油2000倍液；4—5月施放1.2%苦参碱·烟碱烟剂7.5～30kg/hm²或喷施2.5%溴氰菊酯乳油与柴油1：20比例混合液；5—6月幼虫危害期，向树冠喷施25%灭幼脲Ⅲ号1500～2000倍液、1.2%烟碱·苦参碱乳油800～1000倍液或1.8%阿维菌素3000～6000倍液。③保护和利用杨跳甲金小蜂、三盾茧蜂等寄生性天敌。

被害状　　　　　　　　　　　　　　　　　　　成虫

成虫　　　　　　　　　　　　　卵

幼虫　　　　　　　　　　　　　　　　　　　蛹

蛹　　　　　　　　　　　落地叶苞

## 21 榆跳象

**学　　名** *Orchestes alni*（Linnaeus）

**分类地位** 鞘翅目（Coleoptera）象甲科（Curculionidae）

**形态特征** 成虫：体长3.0～3.5mm，黄褐色。头、小盾片、中后胸及腹部1～2节腹板黑褐色。触角、前胸和鞘翅黄色，鞘翅中区有2条褐色横带。头遍布大瘤突，复眼几乎占据整个头部，喙长而下折。前、中足短小，后足腿节粗壮。腹面有刺若干。

卵：长椭圆形，长约0.7mm，宽约0.3mm，无色透明至米黄色。

幼虫：老熟幼虫头部黄褐色，额中纵沟深色。前胸背板黑褐色，中央有1条乳白色纵带，腹板有3个排成倒三角的黑斑。

蛹：长约2.5mm，乳白色至黄色，头部褐色，头顶和胸部每节背面有2根硬刚毛，胸部每节两侧各有刚毛2根，腹末有短刺2根。

**寄　　主** 榆树。

**分　　布** 辽宁、吉林、内蒙古、河北、陕西、宁夏、新疆、山东、江苏、河南、安徽等地。辽宁省内分布于沈阳等地。

**发生规律** 1年发生1代，以成虫在粗皮裂缝或伤疤翘皮下及枯枝落叶层、地表松土中越夏和越冬。4月中旬出蛰取食榆树嫩皮层、嫩芽和嫩叶，叶面可见3～4mm的椭圆形穿孔。5月上旬交尾产卵，卵多产于叶背主脉上，产卵前用喙在叶脉上蛀1小洞，每洞产卵1粒，再用分泌物覆盖，每雌虫产卵12～25粒。5月中旬孵化出幼虫潜食叶肉，叶面隧道呈轮纹状，并充满虫粪；后期被害处上、下表皮鼓起变黄，各向外凸起成焦糊状泡囊，受害严重时全林如同火烧。6月初幼虫开始在叶面的泡囊内结茧化蛹，6月下旬开始羽化。成虫能飞善跳，具有假死性、多次交尾、多次产卵和不断补充营养的习性。榆树纯林，枯枝落叶多，阴凉、潮湿、郁闭度大的林地发生重；榆树与白蜡、杨树等混交林，枯枝落叶少，阳光充足、干燥、郁闭度小的林地发生轻。冬季低温可导致在树干上越冬的成虫大量死亡。

**防治方法** ①利用成虫假死性，早晚振落捕杀。②幼虫期喷施1.8%阿维菌素2000倍液。成虫产卵前喷施20%氰戊菊酯3000倍液。③保护和利用麻雀、蠼螋、蜘蛛、蚂蚁、寄生蜂等天敌。

被害状

成虫

幼虫

卵　　　　　　　　　　　　　　　　蛹

## 22　山杨卷叶象

**学　　名**　*Byctiscus populi*（Linnaeus）

**别　　名**　山杨金卷象

**分类地位**　鞘翅目（Coleoptera）卷象科（Attelabidae）

**形态特征**　成虫：近椭圆形，体长6.0~7.0mm，绿色，略带紫色光泽。喙、足紫金色，喙伸向头下方，稍弯曲。触角暗黑色，着生于喙中部。前胸前部收缩较窄，中后部外侧凸出，鞘翅具粗大刻点，肩区微隆起。

卵：宽圆形，长约1mm，淡黄色、透明。

幼虫：老熟幼虫体长约7mm，体弯曲，乳白色，头褐色，体表有疏生短毛。

蛹：椭圆形，长约8mm，黄白色，羽化前灰褐色。

**寄　　主**　山杨。

**分　　布**　辽宁、内蒙古、甘肃、山西、陕西、四川、青海等地。辽宁省内分布于大连、鞍山、抚顺、本溪、辽阳、铁岭等地。

**发生规律**　1年发生1代，以成虫在枯枝落叶和土中越冬。翌年6月开始活动，危害叶柄或嫩枝基部，致叶片萎蔫。雌成虫将3~4片叶卷成叶筒，每卷叶中产卵2~4粒，幼虫在卷叶中取食，随卷叶干枯落地后在土中化蛹，8月上旬羽化成虫越冬。

**防治方法**　①利用成虫假死性，清晨振落捕杀；摘除卷叶及清理落地卷叶，集中烧毁。②成虫期喷施40%乐斯本（毒死蜱）1000倍液或1.8%阿维菌素4000倍液。

被害状及成虫

成虫

卵

幼虫

## 23 核桃扁叶甲

| | |
|---|---|
| **学　　名** | *Gastrolina thoracica* Baly |
| **别　　名** | 核桃楸扁叶甲黑胸亚种 |
| **分类地位** | 鞘翅目（Coleoptera）叶甲科（Chrysomelidae） |
| **形态特征** | 成虫：长方形，体长6.5～8.3mm，背面扁平。头、鞘翅蓝黑色，前胸黑色，有金属光泽。触角、足黑色。雌虫产卵期腹部膨大似球。 |
| | 卵：短圆柱形，橙黄色。 |
| | 幼虫：老熟幼虫体长约10mm，前胸背板淡红褐色，胸腹部暗黄色，气门上线，体节有黑瘤突。 |
| | 蛹：黑褐色，胸部有灰白纹，腹部第2～3节两侧黄白色。 |
| **寄　　主** | 核桃、核桃楸、枫杨叶片等。 |
| **分　　布** | 辽宁、黑龙江、吉林、河北、甘肃、湖北等地。辽宁省内分布于沈阳、抚顺等地。 |
| **发生规律** | 1年发生1代，以成虫在地面覆盖物中及树干基部的60～120mm高处的皮缝中过冬。华北翌年5月初成虫开始活动，群集爬到嫩叶、芽上取食，陆续交尾产卵，5月下旬至6月上旬为产卵盛期，每卵块20～50粒卵，每雌虫产卵100多粒，卵期5～7d。幼虫群集叶背啃食叶肉，幼虫期20d左右，幼虫共3龄。老龄幼虫腹末端黏附叶上，倒悬化蛹，蛹期4～5d。成虫经短期取食叶片，7月中旬下树休眠。5—6月越冬成虫及幼虫同时出现危害，大发生时可将叶片食光。 |
| **防治方法** | ①冬季清理树干基部翘皮内过冬成虫。②幼虫期，5%吡虫啉乳油树干注药，每厘米胸径注射1mL；向叶面喷施0.9%阿维菌素乳油1000倍液、8%氯氰菊酯微囊悬乳剂200倍液。③保护和利用原腹猎蝽等天敌。 |

被害状

成虫

卵

幼虫

蛹

## 24 杨叶甲

**学　　名** *Chrysomela populi* Linnaeus

**别　　名** 白杨金花虫

**分类地位** 鞘翅目（Coleoptera）叶甲科（Chrysomelidae）

**形态特征** 成虫：近椭圆形，体长10～15mm。前胸背板蓝紫色，有金属光泽。鞘翅朱红色或黄褐色。中缝顶端常有1个小黑点，头部有较密小刻点，额区有较明显"Y"形沟痕，鞘翅沿外缘有纵隆线，近缘有1行粗刻点。

卵：长椭圆形，长约2mm，橙黄色或黄褐色，初产黄色。

幼虫：体长16～18mm，体扁平，头部黑色，前胸背板有"W"形字黑纹，有1对黑色瘤状突起，受惊时突起中溢出乳白色液体，有恶臭。幼虫以尾端黏附叶片呈悬挂式化蛹状态。

蛹：裸蛹，长12～14mm，初期浅白色，羽化前金黄色，蛹背有成列黑点，蛹体末端留在蜕皮内。

**寄　　主** 杨、柳。

**分　　布** 东北、华北地区，内蒙古、陕西、宁夏、新疆、山东、河南、湖北、湖南、四川等地。辽宁省内分布于抚顺等地。

**发生规律** 1年发生1代为主，以成虫在落叶层下、表土中或土层6～8cm深处越冬。翌年4月下旬展新叶时出蛰危害幼芽随即交尾，5月上中旬产卵，卵多产于叶背或嫩枝叶柄处，竖直排列成块，每块卵粒数40～120粒，亦有散产者。5月初开始孵化，幼虫共4龄。1龄幼虫群集危害，被害叶呈网状；2龄以后分散危害；3～4龄食尽叶片，仅剩叶脉。月平均温度超过25℃时，潜伏于落叶下、草丛隐蔽处以及松散土壤表层越夏。8月下旬复出活动取食，而后潜入枯枝落叶或土中越冬。成虫具有假死性。主要危害1～5年生幼树、大树新梢叶片，苗圃幼苗及河滩低洼地片林受害尤其严重。

**防治方法** ①早春越冬成虫上树时，利用成虫假死性，振落捕杀；摘除幼叶上的卵块、蛹。②早春和秋后在苗木行间土壤内埋施3%辛硫磷颗粒剂，深2～6cm，随即浇透水，杀死越冬成虫。③5月上旬至6月上旬，幼虫3龄以前，向叶面喷施15%吡虫啉胶囊剂3000倍液、4.5%氯氰菊酯1000倍液。④保护和利用天敌。卵期天敌有奇变瓢虫，幼虫期、蛹期天敌有猎蝽、蚂蚁、食虫虻，益鸟有麻雀、山雀等。

被害状

成虫

卵块

幼虫

蛹　　　　　　　　　　　　　　蛹壳

## 25 榆紫叶甲

| | |
|---|---|
| **学　　名** | *Ambrostoma quadriimpressum*（Motschulsky） |
| **别　　名** | 榆紫金花虫 |
| **分类地位** | 鞘翅目（Coleoptera）叶甲科（Chrysomelidae） |
| **形态特征** | 成虫：近椭圆形，体长约11mm。触角丝状，11节。头及3对足深紫色，有蓝色光泽。前胸背板及鞘翅有紫红色与金绿色相间的色泽。前胸背板矩形，背面呈弧形隆起。腹部紫色有蓝绿色光泽。<br>卵：长椭圆形，长1.7～2.2mm，咖啡或茶褐色，孵化前颜色变暗。<br>幼虫：老熟幼虫体长约10mm，棕黄色、略扁宽，头顶有4个黑斑，前胸背板有2个黑斑，背中线灰色，两侧有淡黄色纵带。<br>蛹：近椭圆形，略扁，长约9.5mm，乳黄色。 |
| **分　　布** | 辽宁、黑龙江、吉林、内蒙古、河北、山西、甘肃、宁夏、江苏、江西、河南、湖北、贵州等地。辽宁省内分布于沈阳、辽阳、铁岭等地。 |
| **寄　　主** | 春榆、家榆和黄榆等。 |
| **发生规律** | 1年发生1代，以成虫在树下土壤内越冬，入土越冬深度为2～11cm。6月中旬开始羽化，7月上旬为羽化盛期。气温较高时与上一代的成虫群集于树干上蔽荫处或树洞里越夏，8月上旬以后羽化的没有夏眠习性。榆展叶前，产卵于枝梢末端，卵成串排列，每串11～28粒；榆展叶后产卵于叶片背面，聚集成块状。10月成虫开始下树，沿树干和杂草根钻入土中越冬。成虫不能飞翔，亦不太活跃，新成虫及越冬后刚出现的成虫假死性强，稍受触动便收缩体肢坠下。成虫及幼虫取食榆树嫩芽、芽苞、枝梢皮层及叶片，造成树势衰弱、枝条枯死甚至植株死亡。 |
| **防治方法** | ①早春成虫上树后、产卵前，利用群集性和假死性，振落捕杀；摘除卵枝。<br>②成虫初上树时期（5月上中旬）和幼虫盛发期（6月上中旬），喷施2.5%溴氰菊酯乳油8000～10000倍液或20%菊杀乳油2000倍液。郁闭度较大的林分可施放烟雾剂，老熟幼虫下树越冬或翌年成虫上树前，用溴氰菊酯制成毒笔涂于树干基部进行阻杀。 |

被害状　　　　　　　　　　　成虫

成虫

天敌取食卵块　　　　　　卵块　　　　　　　初孵幼虫

初孵幼虫　　　　　　　　　　　老熟幼虫

## 26　榆黄毛萤叶甲

**学　　名**　*Pyrrhalta maculicollis*（Motschulsky）

**别　　名**　黑肩毛胸萤叶甲、榆黄叶甲

**分类地位**　鞘翅目（Coleoptera）叶甲科（Chrysomelidae）

**形态特征**　成虫：近长方形，体长6.5～7.5mm，头、前胸、鞘翅棕黄色。腹面棕黄色或黑褐色。全体密被柔毛和刻点，头顶中央有1个桃形黑纹，额中央有1条深纵纹，触角黑色，后方有三角形黑纹。前胸背板有3个黑斑，鞘翅略宽于前胸。

卵：长椭圆形，长约1mm，黄白色，梨形，顶端圆钝。

幼虫：老熟幼虫体长方形，略扁平，长约9.5mm，黄白色，全身毛瘤黑色。前胸背板两侧后缘各有1个黑斑，前缘中央有1个黑色小斑点。

蛹：椭圆形，长约7.5mm，乳黄色，略带白色，背面有黑色刚毛。

**寄　　主**　榆。

**分　　布**　辽宁、黑龙江、吉林、内蒙古、河北、山东、河南、江苏、浙江、江西、湖北、湖南、福建、广东、广西、陕西、甘肃等地。辽宁省内分布于沈阳、鞍山、锦州、营口、朝阳、盘锦、葫芦岛等地。

**发生规律**　1年发生2代，以成虫在屋檐、墙缝、石块及枯枝落叶层越冬。翌年4—5月越冬成虫开始活动，5月中旬为盛期，成虫出现后即交尾产卵，卵期5～7d。幼虫共3龄，6月中下旬老熟幼虫开始下树群集于树洞、裂缝等处化蛹。蛹经5～7d羽化为成虫。通常发生数量密度较大，并与榆蓝叶甲、榆紫叶甲混合发生，成片啃食树叶，连年危害，导致树势衰弱甚至枯死。

**防治方法**　①春季越冬成虫上树后，利用成虫假死性，振落捕杀；幼虫化蛹时，刮除树干上的蛹和老熟幼虫集中烧毁。②5%吡虫啉乳油树干注药；向树冠喷施25%灭幼脲、苦参碱等。③保护和利用瓢虫、螳螂、灰喜鹊和大山鹊等天敌。

被害状

成虫

成虫

## 27 榆蓝叶甲

| | |
|---|---|
| **学　　名** | *Xanthogaleruca aenescens*（Fairmaire） |
| **别　　名** | 榆绿毛萤叶甲、榆毛胸萤叶甲 |
| **分类地位** | 鞘翅目（Coleoptera）叶甲科（Chrysomelidae） |

**形态特征**　成虫：近长椭圆形，体长7～8.5mm，黄褐色。鞘翅蓝绿色，有金属光泽。头小，复眼大，头顶有1个三角形黑斑。前胸背板有1个近倒葫芦形黑斑，近外缘各有1个近卵形黑斑。鞘翅宽于前胸背板，两侧近平行，每鞘翅具不规则的纵脊线，刻点密。

卵：梨形，长约1.1mm，宽约0.6mm，黄色，顶端尖细。

幼虫：长形，略扁平，体长约11mm，深黄色。前胸背板中央后方有1对近四方形黑斑，前缘中央有1个圆形灰斑，中、后胸及腹部1～8节背面具黑色毛瘤。

蛹：椭圆形，长约7.5mm，污黄色，背面有黑色刚毛。

**分　　布**　辽宁、黑龙江、吉林、内蒙古、河北、山东、甘肃、山西等地。辽宁省内分布于鞍山、朝阳等地。

**寄　　主**　榆。

**发生规律**　1年发生2代，以成虫在枯枝落叶层中越冬。翌年5月上旬出蛰，中旬为盛期，出蛰后交尾产卵。5月下旬孵化出幼虫，6月下旬在树干枝丫处或树皮缝中群集化蛹。7月上旬出现第1代成虫，8月下旬出现第2代成虫。通常与榆黄叶甲、榆紫叶甲混合发生，成片啃食树叶，连年危害，树势衰弱甚至枯死。

**防治方法**　①加强营林管理，营造混交林。②早春成虫上树后、产卵前，利用群集性和假死性，振落捕杀；摘除卵枝。③成虫初上树时期（5月上中旬）和幼虫盛发期（6月上中旬），喷施2.5%溴氰菊酯乳油8000～10000倍液。老熟幼虫下树越冬或翌年成虫上树前，用溴氰菊酯制成毒笔涂于树干基部进行阻杀。

被害状

成虫

卵

幼虫

幼虫 刚羽化成虫及蛹

## 28　丝带凤蝶

| | |
|---|---|
| **学　　名** | *Sericenus montelus* Gray |
| **别　　名** | 软凤蝶、马兜铃凤蝶 |
| **分类地位** | 鳞翅目（Lepidoptera）凤蝶科（Papilionidae） |

**形态特征**　成虫：体长50~60mm，体黑色，分为春、夏两型，夏型后翅尾状突较长，春、夏型翅斑纹不同。雌虫黑色带白斑，臀角处有红色区和蓝色斑点；雄虫翅淡黄色，带黑斑。

卵：圆球形，初产米黄色，后颜色逐渐加深，孵化前变为灰黑色。

幼虫：黑色，前胸两侧各有1个前伸的黑毛束，胸部各节有4个红色钉状突起。老熟幼虫体长约25mm，体黑色，头、前胸背板、臀板黑亮，具黑色毛。

蛹：圆柱形，长17~23mm，宽5~7mm，黄褐色或灰黄色，顶部有2个深色突起，胸背有2个小尖突。

**分　　布**　辽宁、黑龙江、吉林、内蒙古、北京、河北、宁夏、甘肃、山西、陕西、山东、河南、江苏、安徽、湖北、浙江、江西、湖南、福建、广西等地。辽宁省内分布于本溪、丹东、朝阳、葫芦岛等地。

**寄　　主**　马兜铃、青木香等。

**发生规律**　1年发生2代，以蛹越冬。4—5月出现第1代成虫，7—8月出现第2代成虫。羽化为成虫当天即可交尾产卵，交尾后1~3d内完成产卵。以幼虫取食马兜铃叶片、嫩梢及幼果等危害。

**防治方法**　幼虫期喷施1.8%阿维菌素2000倍液或2.5%高效氟氯氰菊酯3000倍液。

成虫

成虫

幼虫

蛹

## 29　兴安落叶松鞘蛾

**学　　名**　*Coleophora obducta*（Meyrick）

**分类地位**　鳞翅目（Lepidoptera）鞘蛾科（Coleophoridae）

**形态特征**　成虫：体长3～4mm，翅展8.5～11mm。头部光滑，无单眼，触角丝状，26～28节，与身体几乎相等。翅狭长，被银灰色鳞片，后缘具长缘毛，有光泽，前翅顶端1/3部分颜色稍浅。雌蛾颜色浅，腹部较粗大，雄蛾颜色稍深，腹部细而短。

卵：半球形，黄色，表面有10～13条宽度均匀的棱起。

幼虫：老熟幼虫体长约5mm，黄褐色，头及前胸背板黑褐色，闪亮光，腹足退化。

蛹：长约3mm。黑褐色。雌蛹前翅一般不超过腹端，雄蛹前翅明显超过腹端。

**寄　　主**　兴安落叶松、长白落叶松、日本落叶松和华北落叶松等。

**分　　布**　辽宁、黑龙江、吉林、内蒙古、河北、河南等地。辽宁省内分布于抚顺等地。

**发生规律**　大部分地区1年发生1代，以幼虫作鞘在枝干等部位越冬。翌年4月中下旬至5月初，幼虫开始取食落叶松芽苞及嫩叶，并随风迁移，5月上旬开始化蛹，约30d后进入化蛹高峰期。6月为羽化盛期，羽化为成虫2～3d后即可交尾产卵。7月上中旬卵开始孵化，孵化后的幼虫即转入叶内潜食，9月下旬开始越冬。

**防治方法**　①加强营林管理，增强树势，提高林分抗虫性。②春季向树冠喷施灭幼脲Ⅲ号（4份）+2.5%溴氰菊酯（1份）+水3000倍混合药液或1.8%阿维菌素3000倍液。6月上旬成虫期，郁闭度较大林分可施放1.2%烟碱·苦参碱杀虫烟剂7.5kg/hm$^2$。③保护和利用天敌。④悬挂落叶松鞘蛾性诱剂诱杀雄成虫。

被害状

成虫

成虫

卵

鞘囊

蛹

## 30 稠李巢蛾

**学　　名**　*Yponomeuta evonymella*（Linnaeus）

**分类地位**　鳞翅目（Lepidoptera）巢蛾科（Yponomeutidae）

**形态特征**　成虫：体长8~12mm，翅展约22mm。头部、触角、下唇须白色，胸部背面有4个黑点。前翅白色，有45~50个黑点，除翅端区约有12个黑点外，其余大致分5行排列。雄性外生殖器的抱器瓣长为宽的2.3倍，阳茎长为囊形突长的3.5倍。

卵：椭圆形，扁平，直径0.7~0.9mm，宽约0.7mm。聚集成块状，卵壳石灰质，初产为淡灰色，后变为深紫色。覆一层薄胶物，与树皮色相似。

幼虫：初龄幼虫头黑色，前胸背板黑色，其余体均白色。2~4龄幼虫头部及前胸背板为黑色，臀板为白色。老熟幼虫体长约15mm，淡绿色。

蛹：长约10mm，宽约2.5mm，腹部末端臀棘无刺。

茧：白色，质地很厚。

**寄　　主**　稠李、山花楸、苹果、卫矛等。

**分　　布**　辽宁、黑龙江、吉林、内蒙古、北京、河北、山西、甘肃、山东、西藏等地。辽宁省内分布于抚顺等地。

**发生规律**　辽宁地区1年发生1代为主，以刚孵化的初龄幼虫在卵块覆盖物下群集越冬。翌年5月中旬至下旬寄主发芽时幼虫开始活动，初时群集取食嫩叶叶肉，留下表皮，叶片卷缩干枯，幼虫在内吐丝做巢栖息。随着寄主植物的生长及幼虫的增大，丝巢逐渐扩大，并笼罩全枝、甚至全树冠。巢内叶片被幼虫食光，只留下枝干。幼虫6月初老熟，开始集中结茧化蛹。6月中旬羽化为成虫。

**防治方法**　①剪除卵块枝及网巢枝叶，集中烧毁。②利用灯光诱杀成虫。③早春幼虫危害期喷施1.8%阿维菌素2000~3000倍液，幼虫3~5龄期喷施Bt乳剂。

成虫

幼虫

虫巢

茧

## 31　黄刺蛾

**学　　名**　*Monema flavescens* Walker

**别　　名**　蜜黄刺蛾

**分类地位**　鳞翅目（Lepidoptera）刺蛾科（Limacodidae）

**形态特征**　成虫：雌蛾体长15～17mm，翅展35～39mm；雄蛾体长13～15mm，翅展30～32mm。体橙黄色，前翅黄褐色，顶角一细斜线伸向中室，其内方黄色，外方褐色，褐色中一深褐色细线由顶角伸至后缘中部，中室有一黄褐色圆点。后翅灰黄色。

卵：扁椭圆形，长约1.5mm，一端较尖，淡黄色。

幼虫：老熟幼虫体长19～25mm，粗短。头黄褐色、隐于前胸下，胸黄绿色。体自第2节起各节背线两侧有1对枝刺，第3、4、10节较大，枝刺生黑色刺毛。体背大斑纹紫褐色，其前后宽大而中部狭细成哑铃形，末节背具4个褐色小斑。体两侧各具9个枝刺，其中部有2条蓝色纵纹。

蛹：椭圆形，粗肥，体长13～15mm。

茧：椭圆形，黑褐色，硬质，有灰白色不规则纵条纹，俗称"洋辣罐"，极似雀卵。

**寄　　主**　枫杨、杨、三角枫、刺槐、梧桐、枣、核桃、板栗、桑、柳、榆、苹果、梨、杏、桃、山楂等。

**分　　布**　辽宁、黑龙江、吉林、内蒙古、北京、河北、陕西、青海、山东、江苏、上海、浙江、江西、福建、河南、湖北、广东、广西、台湾。辽宁省内分布于沈阳、抚顺、营口、铁岭等地。

**发生规律**　1年发生1代，以老熟幼虫在树干和枝丫处结茧过冬。翌年6月茧内化蛹，7月中旬至8月下旬羽化为成虫，成虫寿命47d，夜间活动，趋光性不强。雌蛾产卵多于叶背，散产或数粒聚集，每雌蛾产卵49～67粒，卵期约710d。多在白天孵化，初孵幼虫先食卵壳、再食叶下表皮和叶肉，形成圆形透明小斑或大斑，4龄时叶片成孔洞，5、6龄时仅留叶脉。幼虫食性杂。9月上旬开始做茧越冬。

**防治方法**　①晚秋和早春结合修枝，剪下越冬茧；低龄幼虫期，摘除虫叶，集中烧毁。②利用灯光诱杀成虫。③3龄幼虫前喷施20%的除虫脲5000倍液、Bt乳剂500倍液或25%灭幼脲Ⅲ号2500倍液。④保护和利用赤眼蜂、上海青蜂、刺蛾广肩小蜂、姬蜂、螳螂等天敌。

被害状

成虫

幼虫

幼虫

茧

茧　　　　　　　　　　　茧和蛹　　　　　　　　　　蛹

## 32 榆凤蛾

**学　　名**　*Epicopeia mencia* Moore

**分类地位**　鳞翅目（Lepidoptera）凤蛾科（Epicopeiidae）

**形态特征**　成虫：体长20～25mm，翅展60～85mm，体翅黑褐色，触角栉齿状。前胸两侧肩板各有一红色斑点。后翅后角有尾状突，沿后缘有2列碎纹状红斑。腹末数节后缘红色。

卵：黄色，有光泽。

幼虫：老熟幼虫体长45～53mm，黑褐色，全身被较厚白色蜡片，除去蜡粉后，虫体淡绿色，背线黄色，各节间黄色，有一黑色圆点。

蛹：黑褐色，外被椭圆形土茧。

**分　　布**　辽宁、黑龙江、吉林、内蒙古，西北、华北、华东地区。辽宁省内分布于沈阳、大连、鞍山、锦州、营口、辽阳、朝阳、葫芦岛等地。

**发生规律**　1年发生1代，以蛹在表土中越冬。翌年7月上旬羽化为成虫，成虫白天飞翔活动并产卵。卵于7月中下旬孵化，初孵幼虫有群聚取食叶肉和受惊吐丝下垂习性，2龄幼虫后体被白蜡粉，8月下旬下树化蛹。8月幼虫危害最为严重，可将幼树树叶食光。

**防治方法**　①清晨和傍晚振落捕杀初孵幼虫；摘除幼虫群聚枝叶。②幼虫期喷施1.2%烟碱·苦参碱乳油1000倍液。

被害状

成虫

幼虫

## 33 白桦尺蛾

| | |
|---|---|
| **学　　名** | *Biston betularia*（Linnaeus） |
| **分类地位** | 鳞翅目（Lepidoptera）尺蛾科（Geometridae） |

**形态特征**　成虫：体长18～20mm，翅展约35mm。体色变异较大，一般翅灰褐色，布满深色斑，翅纹黑色，明显，前翅有3条深色波状横纹，后翅有2条深色波状横纹。

卵：椭圆形，淡绿色，近孵化时为灰褐色。

幼虫：老熟幼虫体长35～45mm，灰绿色，腹部第4节两侧各有1个明显黑斑。

蛹：长约20mm，红褐色。

**寄　　主**　桦、杨、椴、悬铃木、榆、栎、柳、榉、苹果、落叶松、黄檗、艾蒿等。

**分　　布**　辽宁、黑龙江、吉林、内蒙古，华北地区。辽宁省内分布于锦州等地。

**发生规律**　1年发生1代，以老熟幼虫在枯枝落叶层下或土壤表层内化蛹越冬。翌年4月中旬至5月下旬为成虫羽化期，4月下旬为羽化盛期。4月下旬开始产卵，卵产于白桦树距基部2.5m以下的枯枝腐朽木质部内、地衣下、树皮缝中等处。5月下旬孵化出幼虫，6月下旬至7月上旬为危害盛期。6月底为化蛹始期，7月初为化蛹盛期，蛹期最长可达9个月。

**防治方法**　①幼虫期喷施20%灭幼脲1000～2500倍液或10%氯氰菊酯3000倍液。成虫期喷施20%灭幼脲5000倍液。②利用灯光诱杀成虫。

成虫

幼虫

## 34　槐尺蛾

| 学　　名 | *Semiothisa cinerearia*（Bremer et Grey） |
|---|---|
| 别　　名 | 国槐尺蛾 |
| 分类地位 | 鳞翅目（Lepidoptera）尺蛾科（Geometridae） |

**形态特征**　成虫：雌蛾体长12～15mm，翅展30～45mm；雄蛾体长14～17mm，翅展30～43mm。雌雄相似，体灰黄褐色，触角丝状，长约为前翅的2/3，前后翅面上均有深褐色波状条纹3条，前翅从后缘近臀角处发出3列黑褐色长形斑块。

卵：扁圆形，表面有网纹，初产时淡绿色。

幼虫：两型，春型成熟时体长38～42mm，体淡绿色，气门线以上密布小黑点，气门线以下深绿色；秋型成熟时体长45～55mm，体粉绿色稍带蓝。

蛹：圆锥形，初粉绿色，后褐色。

**寄　　主**　国槐、龙爪槐、蝴蝶槐、金枝槐、金叶槐等。

**分　　布**　辽宁、北京、天津、河北、山东、江苏、浙江、河南、安徽、江西、贵州、陕西、甘肃、新疆、西藏、台湾。辽宁省内分布于沈阳、鞍山、本溪、丹东、阜新、营口、朝阳等地。

**发生规律**　1年发生3～4代，以蛹在树下松土中越冬。翌年4月中旬羽化为成虫。成虫具有趋光性。白天在墙壁、树干或灌木丛里停落，夜出活动产卵，卵多产于叶片正面主脉上，每处1粒。幼虫共6龄，有吐丝下垂习性。幼虫老熟后吐丝下垂至松土中化蛹。低龄幼虫食卵壳和叶肉，食成网状。5月中旬刺槐开花时，为第1代幼虫危害期；6月中旬至7月上旬，为第2代幼虫危害期；7月中旬至8月中旬，为第3代幼虫危害期；8月中旬至9月下旬，为第4代幼虫危害期。世代重叠严重，1～2代发生严重，3～4代发生较轻。

**防治方法**　①振动树体或喷水，集中处理坠落害虫；结合秋季和春季松土，收集2～3cm厚土层内蛹，集中处理。②4月以后，利用灯光诱杀成虫。③5月上旬第1代幼虫孵化危害期，向树冠喷施20%灭幼脲Ⅲ号1000倍液或4%高氟甲维盐1000倍液。

被害状

成虫

幼虫

## 35 桑褶翅尺蛾

| | |
|---|---|
| **学　　名** | *Apochima excavata*（Dyar） |
| **分类地位** | 鳞翅目（Lepidoptera）尺蛾科（Geometridae） |
| **形态特征** | 成虫：雌蛾体长14～15mm，翅展40～50mm，灰褐色或黑褐色；触角丝状，前翅狭长，银灰色，上有3条不明显灰褐色横带，静止时前后翅皱叠竖起。雄蛾体长12～14mm，翅展约38mm，体色较雌蛾暗；触角羽毛状，腹部粗，尾端有成撮毛丛。 |
| | 卵：椭圆形，长约0.6mm，宽约0.3mm。初产时深灰色，4～5d后变为深褐色，有金属光泽。卵体中央下凹，孵化前由深红色变为灰黑色。 |
| | 幼虫：老熟幼虫体长30～35mm，黄绿色，头褐色。前胸侧面黄色，1～4腹节背面有刺突，第8节背面有1对褐绿色刺，2～5节两侧各有1个刺，腹部有4～8节亚背线，粉绿色。 |
| | 蛹：椭圆形，长14～17mm，红褐色，末端有2个尖硬刺。 |
| **寄　　主** | 刺槐、国槐、榆、白蜡、核桃、桑、栾树、梨、丁香、苹果等。 |
| **分　　布** | 辽宁、北京、河北、河南、陕西、宁夏等地。辽宁省内分布于大连、鞍山、锦州、阜新、朝阳、葫芦岛等地。 |
| **发生规律** | 1年发生1代，以蛹在树下表土或树干基部树皮缝内越冬。翌年3月中旬羽化为成虫，每雌蛾可产卵700～1100粒，卵产于枝梢上。4月上旬孵化出幼虫，啃食叶片，6月中旬至7月老熟幼虫下树做茧化蛹。 |
| **防治方法** | ①入冬前搂树盘，破坏蛹越冬场所。②利用灯光诱杀成虫。③幼虫期向树冠喷施1.2%烟碱·苦参碱800倍液、1.8%阿维菌素2000倍液、20%高氯菊酯3000倍液。 |

成虫

幼虫

幼虫

幼虫　　　　　　　　　　老熟幼虫

老熟幼虫　　　　　　　　　　蛹

## 36 女贞尺蛾

**学　　名** *Naxa seriaria*（Motschulsky）

**别　　名** 丁香尺蛾

**分类地位** 鳞翅目（Lepidoptera）尺蛾科（Geometridae）

**形态特征** 成虫：体长约15mm，翅展34～46mm，粉白色，微灰，有绢丝光泽。无翅缰，触角双锯形。前翅亚缘有一弧形脉点，由8个黑点组成，内角由三大点组成一弧形，中室上端有一点。后翅亚缘由8个脉点组成一弧形，中室上端有一大点。

卵：光滑，具有珍珠光泽，淡白、红至黑色。

幼虫：初孵时体长约2mm，淡褐色。老熟时体黑，亚背线、气门线淡黄色，第1～5腹节有淡黄色纵带3条，中条最宽，第3～6腹节有淡黄色斑，每节有黑色毛瘤10多个，每个瘤上有白长毛1根。

蛹：体黄绿色。腹部各节着生黑色斑纹大而多，第5～8节有腹面前缘中央各有一近三角形黑色大斑，并逐节向下缩小。

**寄　　主** 女贞、暴马丁香、水曲柳、花曲柳、杨等。

**分　　布** 东北、华北地区，陕西、宁夏、福建、湖北、湖南、广西等地。辽宁省内分布于鞍山、抚顺、本溪、丹东、葫芦岛等地。

**发生规律** 1年发生1代，以幼虫在枯枝落叶层下越冬。翌春5月幼虫上树取食。5月下旬进入老熟阶段，6月上旬在丝网处化蛹，6月下旬羽化为成虫，交尾后卵产于丝网上，卵块呈串珠状。7月上旬孵化出幼虫，幼虫有吐丝结网和群集习性，群集叶背啃食叶片。8月下旬到9月上旬进入3龄后，食量增大，结网大，移动距离远。9月下旬幼虫开始冬眠。

**防治方法** ①早春幼虫上树时，树干绑缚塑料薄膜环，阻隔上树幼虫。幼虫群居结网时剪除网巢烧毁；产卵、化蛹期摘除丝网，烧毁卵和蛹。②利用灯光诱杀成虫。③幼虫大发生时喷施20％除虫脲悬浮剂7000倍液、2.5％三氟氯氰菊酯3000倍液或Bt乳剂（4000亿孢子/mL）500～800倍液。

被害状

被害状

成虫

卵块

幼虫

幼虫

幼虫

老熟幼虫及化成的蛹

蛹

## 37　木橑尺蛾

| | |
|---|---|
| **学　名** | *Biston panterinaria*（Bremer et Grey） |
| **别　名** | 黄连木尺蠖 |
| **分类地位** | 鳞翅目（Lepidoptera）尺蛾科（Geometridae） |

**形态特征**　成虫：体长20～25mm，翅展50～70mm。触角雌蛾丝状，雄蛾双栉齿状。头棕黄色，复眼暗褐色。翅粉白色，散布大小不等的灰、棕色斑点。前翅基部有1个大圆橘黄色斑；外线为褐色斑，前半部断续，后半部连成带。前后翅各有1个大的灰色中点。后翅斑点少于前翅；外线前半部斑点小、分离，后半部斑点相连。足灰白色，胫节和跗节具有浅灰色斑纹。雄蛾腹部尖细，雌蛾腹部圆钝，并附有毛丛。

卵：扁圆形，绿色至黑色，呈块状。卵块上被黄棕色绒毛，孵化前变为黑色。

幼虫：老熟幼虫体长约70mm，表皮粗糙。体色常为绿色、褐色、灰褐色等，并散生灰白色斑点。头部密布小突起，顶部中央凹陷，两颊突起成橙红色角峰，有灰黑色小颗粒。头顶中央有1条深棕色的倒"V"字形色板。前胸背面有角状突起2个。中胸到腹部第7节背面，每节具灰白色小点4个，分前、后2斑，呈梯形排列，第8节背面具半圆形深褐色斑。气门圆形，红色，两侧各有1个白色斑点。臀板前缘中央凹陷，后端尖削。

蛹：纺锤形，长约30mm，宽8～9mm，黑褐色，有光泽，头部有耳状突起2个。雌蛹较大，初化蛹为翠绿色，以后变为黑褐色，体表光滑，布满小刻点，臀棘分叉。

**寄　主**　黄连木、核桃、黄栌、石榴、山楂、合欢、刺槐、臭椿、泡桐、杏、榆叶梅、侧柏、落叶松等。

**分　布**　辽宁、吉林、华北、华东、华中、华南、西南地区，陕西、甘肃、台湾等地。辽宁省内分布于大连、鞍山等地。

**发生规律**　1年发生1代，以蛹在树下潮湿浅土层中及石块下越冬。翌年5月下旬开始羽化为成虫，7月中下旬为羽化盛期，8月上旬羽化结束。成虫具有趋光性，6月下旬产卵，卵块多产于树皮缝隙内。7月孵化出幼虫，吐丝下垂，随风转移危害。7月至9月中旬为幼虫危害期。8月下旬老熟幼虫开始化蛹，下树后在疏松的土壤中结茧，少数幼虫沿树干下爬或吐丝下垂着地化蛹。

**防治方法**　①晚秋和春季挖除越冬蛹。幼虫孵化上树前，在树干下部涂抹10～15cm宽的黏胶环（沥青1份、废机油1份，加热熔化即可），并将塑料膜绑于胶环上，上紧下松呈喇叭口状，阻止幼虫上树。②利用灯光诱杀成虫。③幼虫3龄前，喷施灭幼脲25%悬浮剂2000倍液、5%高效氯氰菊酯乳油2000倍液、3%高渗苯氧威3000～5000倍液、高效氯氰菊酯2000～4000倍液或Bt乳剂。④保护和利用赤眼蜂等天敌。

成虫

低龄幼虫

低龄幼虫

低龄幼虫　　　　　　　　　　　　　幼虫胸部侧面观

高龄幼虫

## 38 葡萄天蛾

| | |
|---|---|
| **学　　名** | *Ampelophaga rubiginosa* Bremer et Grey |
| **分类地位** | 鳞翅目（Lepidoptera）天蛾科（Sphingidae） |

**形态特征**　成虫：纺锤形，体长31～45mm，翅展72～100mm，体茶褐色。体背中央自前胸到腹端有1条灰白色纵线，腹面呈红褐色。前翅各横线均为暗茶褐色；后翅黑褐色，外缘及后角各有茶褐色横带1条。前后翅反面红褐色，各横线黄褐色。复眼球形，暗褐色。

卵：球形，直径约1.5mm，表面光滑。淡绿色，孵化前淡黄绿色。

幼虫：老熟幼虫体长约80mm，绿色，背面色较淡，腹部各节有浅黄色斜纹及黄色颗粒状小点。头部有2对近于平行的黄白色纵线。前、中胸较细小，后胸和第1腹节较粗大。第8腹节背面中央具一锥状尾角。气门9对，生于前胸和1～8腹节，气门片红褐色。臀板边缘淡黄色。

蛹：长45～55mm，灰褐色。

**寄　　主**　葡萄、猕猴桃等。

**分　　布**　辽宁、黑龙江、吉林、山西、河北、山东、河南、安徽、江苏、浙江、湖北、福建、江西、广东、陕西、宁夏、四川等地。辽宁省内分布于沈阳、大连、鞍山、本溪、丹东、锦州、阜新、辽阳、朝阳、葫芦岛等地。

**发生规律**　1年发生1～2代，以蛹在落叶下或表土内越冬。翌年5月底至6月上旬羽化。成虫白天静伏，黄昏时在葡萄蔓间活动，卵多散产于叶背和嫩梢上。6月中旬出现第1代幼虫，取食嫩芽和叶片危害，严重时将叶片食光。7月下旬幼虫陆续老熟，入土化蛹。8月上旬开始羽化，8月中旬出现第2代幼虫，9月下旬幼虫老熟，入土化蛹越冬。

**防治方法**　①结合葡萄秋季施肥、冬季埋土防寒和春季出土挖除越冬蛹；结合夏季修剪捕捉幼虫。②利用灯光诱杀成虫。③幼虫3～4龄前，喷施25%灭幼脲悬浮剂2000～2500倍液、Bt可湿性粉剂。④保护和利用赤眼蜂等天敌。

成虫　　　　　　　　　　　　　　　　　　　幼虫

## 39 杨目天蛾

**学　　名** *Smerinthus caecus* Ménétriès

**分类地位** 鳞翅目（Lepidoptera）天蛾科（Sphingidae）

**形态特征** 成虫：体长35～45mm，翅展60～70mm。胸部背斑棕黑色，腹部两侧有白色纹。前翅红褐色，内线、中线、外线棕褐色，中室有白色细长斑，下有一棕褐色斑，后角有一橙黄色斑，顶角有棕黑色三角斑。后翅暗红色，后角有棕黑色眼状斑，斑内有2个粉白色弧状斑。

卵：扁圆形，长约1.8mm，翠绿色，表面有凹陷。

幼虫：老熟幼虫体长约80mm，青绿色，胸部侧面有横线，腹部斜线黄白色。腹末有尾角向后斜伸。

蛹：长41～44mm，深褐色，臀棘三角形。

**寄　　主** 杨。

**分　　布** 辽宁、黑龙江、吉林、内蒙古、河北、山西等地。辽宁省内分布于沈阳、鞍山、丹东、营口等地。

**发生规律** 1年发生2代，以蛹在土中越冬。翌年5月中旬羽化为成虫，5月下旬产卵，6月上旬至7月中旬出现第1代幼虫，8月上旬至9月下旬出现第2代幼虫。以幼虫啃食叶片危害。

**防治方法** ①蛹期搂树盘，破坏蛹越冬场所。②利用灯光诱杀成虫。③幼虫危害期间喷施Bt乳剂800倍液，1.8%阿维菌素2000倍液。

成虫

成虫

幼虫

## 40 银杏大蚕蛾

**学　　名**　*Caligula japonica* Moore

**别　　名**　白果蚕、漆毛虫、核桃楸大蚕蛾

**分类地位**　鳞翅目（Lepidoptera）大蚕蛾科（Saturniidae）

**形态特征**　成虫：雌蛾翅展95～150mm，雄蛾翅展90～125mm。灰褐至紫褐色。前翅中室端部有一月牙形透明斑眼珠状，顶角靠前缘处有1个半圆形黑斑。后翅中室端部有1个大圆形眼斑，外围有1条灰橙色圆圈及2条银白色线圈。前、后翅亚缘线为2条赤褐色的波浪纹。

卵：椭圆形，表面有一层黑褐色胶质。初产卵鲜绿色，后渐变为灰白色或灰褐色。

幼虫：老熟幼虫体长65～110mm，体色分为黑色型和绿色型。

蛹：黄褐色。

茧：长椭圆形，大网眼状，可透过网眼看到茧中蛹体。

**寄　　主**　银杏、核桃、漆树、枫杨、栗、栎、楸、榛、榆、樟、柳、柿、李、梨、苹果、枫香等。

**分　　布**　东北、华北、华东、华中、华南、西南地区。辽宁省内分布于沈阳、鞍山、抚顺、本溪、丹东、辽阳、朝阳、葫芦岛等地。

**发生规律**　1年发生1代，以卵越冬。越冬卵5月上旬孵化，5—6月为幼虫危害期，6月中旬至7月上旬化蛹，蛹于6月下旬进入滞育期，8月中下旬羽化、产卵。成虫寿命57d，白天静伏于羽化处，傍晚活动；飞翔力不强，可借助风力飘散，趋光性不强。雌蛾腹部沉重，活动力弱。卵多产于茧内或蛹壳及树干的隐蔽处，卵块疏松，每块数十粒至300粒不等。白天温度适宜时，初孵幼虫爬上枝条取食新叶，1～2龄常群集于叶背，头向叶缘排列取食，耐寒力较强，4～6龄分散蚕食，常将树叶食光。

**防治方法**　①捕杀幼虫，摘除茧。②8月末至9月初利用灯光诱杀成虫。③3龄幼虫前喷施2.5%溴氰菊酯10000倍液。④幼虫期喷施1亿～2亿孢子/mL苏云金杆菌或1亿PIB/mL核型多角体病毒。⑤保护和利用天敌。卵期有赤眼蜂、黑卵蜂、平腹小蜂等。幼虫期有家蚕追寄蝇、大山雀、画眉、喜鹊等。蛹期有松毛虫黑点瘤姬蜂及核型多角体病毒。

被害状

成虫

卵块

卵块

幼虫

茧

蛹

## 41　落叶松毛虫

**学　　名**　*Dendrolimus superans*（Butler）

**别　　名**　西伯利亚松毛虫

**分类地位**　鳞翅目（Lepidoptera）枯叶蛾科（Lasiocampidae）

**形态特征**　成虫：雌蛾体长28～38mm，翅展68～85mm；雄蛾体长21～35mm，翅展57～72mm。体色变化大，灰白色、灰褐色、赤褐色或黑褐色。前翅较宽，外缘较直，内横线、中横线、外横线深褐色，外横线锯齿状，亚外缘线有8个斑排列成"3"字形，最后2斑连线与外缘近于平行，中室白斑大而明显。后翅赭色。

卵：椭圆形，长约2.5mm，初产时粉绿色，后变为粉黄色、红色至深红色。

幼虫：老熟幼虫体长55～90mm。体烟黑色、灰黑色或灰褐色，有黄斑，被有银白色或金黄色毛。体侧银白色毛较长，中、后胸背面有2条蓝黑色闪光毒毛带。头部褐黄色，额区与傍额区暗褐，额区中央有三角形深褐斑。第8腹节背面有暗蓝色长毛束。

蛹：长30～45mm，暗褐色或黑色，密被黄色微毛。

茧：灰白色或灰褐色，上被有幼虫脱落的蓝色毒毛。

**寄　　主**　落叶松、樟子松、红松、油松、云杉、冷杉等。

**分　　布**　辽宁、黑龙江、吉林、内蒙古、北京、河北、新疆、山东等地。辽宁省各地区。

**发生规律**　辽宁地区1年发生1代，以3龄幼虫在树下地被物和表土中越冬。翌年当日平均温度达到5℃以上时，越冬幼虫开始上树取食危害，6月中旬开始化蛹，7月上旬羽化出成虫并交尾产卵，每雌虫可产卵128～515粒，卵产于针叶上，卵块较小，零散不整齐。7月下旬初孵幼虫取食危害，气温低于10℃时下树越冬。大发生年份，可将大片松林针叶食光，枝干毕露形同火烧。严重时还易引发小蠹虫等蛀干害虫的危害。

**防治方法**　①加强营林管理，营造混交林，强化封山育林。造林时适度密植，疏林补密。②幼虫越冬期，搂树盘破坏其越冬场所；化蛹期、产卵期摘除茧及卵块。③利用灯光诱杀成虫。④幼虫越冬期，向树冠喷施1.8%阿维菌素3000倍液、25%灭幼脲Ⅲ号3000倍液、2.5%溴氰菊酯2000倍液、20%速灭杀丁2000倍液、1.2%苦·烟碱1000倍液或1.2%烟碱·苦参碱800倍液。对于郁闭度大的林分喷放1.2%烟参碱插管烟剂7.5kg/hm$^2$。⑤保护和利用天敌。如赤眼蜂、黑卵蜂、跳小蜂、松毛虫脊茧蜂、松毛虫黑瘤姬蜂、日本木工蚁、灰喜鹊、大山雀等。⑥幼虫上、下树前在树干上绑菊酯类药剂制成的毒绳、毒带，或涂毒环进行阻杀。

被害状

被害状

雌成虫

雌成虫

交尾成虫 雄成虫

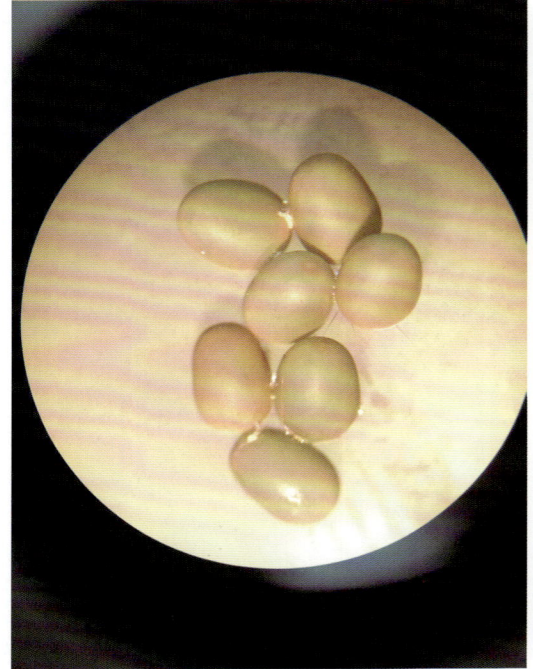 

卵块

幼虫

幼虫

塑料膜阻隔幼虫上树

树枝上结茧

树干上结茧

蛹

## 42 赤松毛虫

**学　　名** *Dendrolimus spectabilis* Butler

**分类地位** 鳞翅目（Lepidoptera）枯叶蛾科（Lasiocampidae）

**形态特征** 成虫：雌蛾体长25～35mm，翅展51～75mm；雄蛾体长22～32mm，翅展45～59mm。体灰白、灰褐色、赤褐色。前翅狭长，外缘倾斜，中横线和外横线白色，中间为1条深褐色宽带，亚外缘线最后2个斑的连线与外缘相交，中室白斑小而明显。

卵：椭圆形，长约1.8mm、宽约1.3mm，初为淡绿色，后渐变为青色、粉红色，近孵化时紫红色。

幼虫：初孵幼虫体长约4mm，体背黄色，头黑色，体毛不明显；2龄幼虫体背出现花纹；3龄以后幼虫体背呈黄褐色、黑褐色、黑色花纹；老熟幼虫体长60～80mm，体深褐色，额区中央有狭长深褐色斑，体侧有长毛并贯穿1条纵带，全体被纺锤形贴体鳞片，中、后胸背面各有1条由蓝黑色带光泽的毒毛丛组成的横带。

蛹：纺锤形，长30～45mm，暗红褐色，臀棘较长而粗。

茧：灰白色，其上有毒毛。

**寄　　主** 赤松、油松、日本黑松、樟子松。

**分　　布** 辽宁、北京、河北、山东、江苏、河南等地。辽宁省内分布于沈阳、大连、鞍山、锦州、营口、阜新、辽阳、朝阳、葫芦岛等地。

**发生规律** 1年发生1代，以3～4龄幼虫聚集在树木根际枯枝落叶层或土缝中越冬。翌年4月上旬越冬幼虫上树危害，7月上中旬幼虫老熟化蛹。7月中下旬开始羽化为成虫，成虫产卵于健壮针叶上，呈块状排列，每雌蛾可产卵230～460粒，分3～5次。8月上中旬陆续孵化出幼虫，初孵幼虫先啃食针叶边缘并使其呈现缺刻，被害针叶常弯曲枯黄。1～2龄幼虫群集危害，3龄后取食整个针叶。10月下旬，幼虫沿树干向下爬行，蛰伏于树皮翘缝、地面石块下或地面杂草中越冬。

**防治方法** ①幼虫越冬期，搂树盘破坏越冬场所；化蛹期、产卵期摘除茧、卵块。②利用灯光诱杀成虫。③低龄幼虫期，喷施苏云金杆菌（Bt）16000IU/mg可湿性粉剂800～1600倍液或4000IU/μL苏云金杆菌粉剂4.5～6kg/hm$^2$，或喷施白僵菌300亿孢子/g油悬浮剂1.8～3.6kg/hm$^2$。④2～3龄幼虫期，喷施25%灭幼脲Ⅲ号1.8kg/hm$^2$或1.2%烟碱·苦参碱插管烟剂15～30kg/hm$^2$。⑤产卵始盛期释放赤眼蜂，30万头/hm$^2$，间隔5～7d，释放2～3次。⑥幼虫上、下树前，树干绑毒绳、毒带或毒笔划环、涂毒胶环进行阻杀。

被害状

成虫

成虫

卵

幼虫

茧

## 43 油松毛虫

**学　　名** *Dendrolimus tabulaeformis* Tsai et Liu

**分类地位** 鳞翅目（Lepidoptera）枯叶蛾科（Lasiocampidae）

**形态特征** 成虫：体长20～30mm，翅展45～75mm，体棕褐或深褐色。前翅中室斑点较小，亚外缘斑列黑色，各斑成新月形，斑列常为9个，前6斑弧形，7、8、9斑列连线与翅外缘相交。

卵：椭圆形，长约1.7mm，宽约1.2mm。初产时色泽较浅，精孔端淡黄色，另一端淡肉红色，孵化前呈紫红色，卵块较大，常数十粒或上百粒黏着成团。

幼虫：初孵幼虫头部棕黄色，体背黄绿色。老熟幼虫体灰黑色，体侧有长毛，额区中央有1块状深褐色斑，胸背毒毛带明显，体两侧各有1条纵带，每节前方由纵带向下有一斜斑伸向腹面；腹面棕黄色，每节上生有黑褐色斑纹，两侧密被灰白色绒毛。

蛹：长椭圆形，栗棕色，体表密被黄色短毛，尾端有黄褐色臀棘，端部稍弯曲。

茧：灰白色，表面有黑色毒毛丛，羽化前茧呈污褐色。

**寄　　主** 油松。

**分　　布** 辽宁、内蒙古、北京、天津、河北、山西、陕西、甘肃、宁夏、山东、河南、湖北、重庆、四川、贵州等地。辽宁省内分布于大连、鞍山、抚顺、营口、铁岭、朝阳、葫芦岛等地。

**发生规律** 1年发生1代，多以4、5龄幼虫在树根周围的枯枝落叶层下、石块下、草根盘结和有覆盖物的林地凹坑中越冬。越冬幼虫多卷曲成团，4月上旬开始上树危害，6月中旬结茧化蛹，7月上旬开始羽化，8月上旬出现秋代幼虫，危害到10月上旬，10月中下旬下树越冬。1～2龄幼虫群集取食，先取食卵堆周围的松针，将针叶边缘咬成缺刻状，造成针叶枯萎卷缩，呈帚状针丛。老熟幼虫取食整个针叶，严重时能将松针全部食光，如同火烧，连年危害会造成松树枯死。

**防治方法** ①加强营林管理，营造针阔叶混交林，做好封山育林，防止强修枝，提高林业自控能力。②幼虫越冬期，搂树盘破坏其越冬场所；化蛹和产卵期，摘除茧、卵块。③羽化盛期，利用灯光诱杀成虫。④幼虫期喷施20%杀灭菊酯、25%灭幼脲675～750mL/hm$^2$。⑤5月上中旬喷施含菌量为1.0亿～1.5亿孢子/mL浓度的苏云金杆菌；6月中下旬每公顷喷施含量为50亿孢子/g白僵菌菌粉15kg。⑥保护和利用天敌。捕食性天敌有山雀、灰喜鹊、胡蜂、蚂蚁等；寄生性天敌有赤眼蜂等。⑦幼虫越冬上、下树前，树干绑毒绳、毒笔划环进行阻杀。

被害状

雄成虫

雌成虫

成虫

成虫

卵初孵化和被寄生

卵块

幼虫

幼虫

茧

茧　　　　　　　　　　　　　　蛹

## 44 黄褐天幕毛虫

| | |
|---|---|
| **学　　名** | *Malacosoma neustria testacea*（Motschulsky） |
| **别　　名** | 天幕枯叶蛾、带枯叶蛾 |
| **分类地位** | 鳞翅目（Lepidoptera）枯叶蛾科（Lasiocampidae） |

**形态特征**　成虫：雌虫体翅呈褐色，腹部色较深；前翅中间的褐色宽带内、外侧呈淡黄色横线纹；后翅淡褐色，斑纹不明显。雄虫通体黄褐色；前翅中央有2条深褐色横线纹，两线间色较深，呈褐色宽带，宽带内外侧均衬以淡色斑纹；后翅中间呈不明显的褐色横线；前、后翅缘毛褐色和灰色相间。

卵：椭圆形，灰白色，顶部中央凹下，卵块呈顶针状围于小枝上。

幼虫：头部蓝灰色，有深色斑点。体侧有鲜艳的蓝灰色、黄色或黑色带。体背面有明显的白色带，两边有橙黄色横线。体背各节具黑色长毛，侧面生淡褐色长毛，腹面毛短。

蛹：长13~25mm，黄褐色或黑褐色，体表有金黄色细毛。

**寄　　主**　梨、梅、桃、杏、李、樱桃、苹果、杨、柳、榆、栎、桦、落叶松等。

**分　　布**　辽宁、黑龙江、吉林、内蒙古、北京、河北、山西、陕西、甘肃、青海、山东、江苏、浙江、安徽、江西、河南、湖北、湖南、四川、台湾等地。辽宁省内分布于沈阳、大连、抚顺、丹东、营口、辽阳、朝阳、葫芦岛等地。

**发生规律**　1年发生1代，以胚胎发育后的幼虫在卵壳中越冬。翌年4月末开始孵化，5月上旬为孵化盛期，6月中旬化蛹，6月末出现成虫，7月中旬为羽化盛期，7月下旬为产卵盛期。成虫白天潜伏于树冠外围枝叶间，遇惊扰时迅速作短距离飞行，具有较强趋光性。卵多产于枝上，呈"顶针"状，排列整齐。初孵幼虫群集在卵块附近小枝上取食嫩叶，2龄幼虫开始向树杈移动，吐丝结网，夜晚取食，白天群集潜伏于网幕内，3龄幼虫食量大增，易暴发成灾，5龄幼虫开始分散活动。幼虫有摆头习性。幼虫老熟后，爬到树皮缝隙、阔叶树叶或枝上、灌木丛中吐丝结茧。做茧后不立即化蛹，结茧部位多在树冠的中下部。

**防治方法**　①剪除卵块；利用幼虫2次结网幕群集时机，捕杀幼龄幼虫；利用老熟幼虫假死性，振落捕杀。②6—7月上旬利用灯光诱杀成虫。③5月上中旬，2~3龄幼虫期，喷施阿维菌素1500g/hm²、25%灭幼脲悬浮剂450~600g/hm²或2.5%敌杀死乳油1500倍液。④保护和利用天敌。卵期天敌有赤眼蜂；蛹期有寄蝇和绒茧蜂；大龄幼虫有核型多角体病毒（NPV）；鸟类有麻雀、灰喜鹊等。

被害状　　　　　　　　　　　　幼虫及被害状

成虫

卵块　　　　　　　　　幼虫

群集幼虫　　　　　　　　蛹

茧

## 45　杨褐枯叶蛾

**学　　名**　*Gastropacha populifolia*（Esper）

**别　　名**　杨枯叶蛾

**分类地位**　鳞翅目（Lepidoptera）枯叶蛾科（Lasiocampidae）

**形态特征**　成虫：雌蛾体长28~36mm，翅展56~76mm；雄蛾体长17~27mm，翅展40~59mm。翅黄褐色。胸部上方有1条黑色纵纹，前翅狭长，有5条断续波状黑色斑列纹，外缘1列较整齐。后翅有3条明显黑褐色斑纹，前缘黄色。前后翅散布稀疏黑色鳞片。

卵：椭圆形，长约2mm，乳白色，上有黑色花纹，卵块覆被灰黄色绒毛。

幼虫：老熟幼虫体长80~85mm，头棕褐色，较扁平，体被褐色、棕黄色毛斑，第2、3胸节背面有2个蓝黑色毛束，腹部第8节有较大瘤，第11节背上有圆形瘤状突起。背中线褐色，侧线为呈"八"字形黑褐色斑纹。

蛹：长约27mm，红褐色。

茧：污白色，上有棕黄色粉状物。

**寄　　主**　杨、柳、苹果、梨、李、杏、桃、栎等。

**分　　布**　辽宁、黑龙江、吉林、内蒙古、华北、华中、华东地区。辽宁各地。

**发生规律**　1年发生1代，以3龄幼虫吐丝结薄茧在落叶上、树皮缝中越冬。翌年4月上旬开始活动，夜间取食，白天在枝上静伏，6月上旬化蛹，6月下旬出现成虫，卵产于叶背和树干上，呈块状。幼虫危害到10月下旬越冬，大发生时将树叶全部食光，造成树势衰弱。

**防治方法**　①摘除卵块；捕杀树干上群集幼虫。②利用灯光诱杀成虫。③幼虫期向树冠喷施1.8%阿维菌素3000倍液，Bt乳剂1000倍液或10%烟碱·苦参碱800倍液。④树干绑毒绳或用菊酯类药液喷毒环进行阻杀。

成虫

成虫

成虫

成虫产卵

卵

幼虫

幼虫

茧

## 46　东北栎枯叶蛾

| | |
|---|---|
| **学　　名** | *Paralebeda femorata femorata*（Ménétriés） |
| **别　　名** | 落叶枯叶蛾、东北栎毛虫 |
| **分类地位** | 鳞翅目（Lepidoptera）枯叶蛾科（Lasiocampidae） |

**形态特征**　成虫：雌蛾体长33～48mm，翅展76～100mm，体栗褐色，触角丝状；前翅中部有1条棕色斜行横纹，亚外缘斑纹各点连成波状纹，顶角尖，翅面有4条浅褐色横纹。雄蛾体长27～36mm，翅展58～76mm，体浅褐至深褐色，触角双栉状；前翅有褐色中带，中带中间有一黑色大斑。

卵：圆形，长约2mm，黄白色，卵壳上有细刻点花纹，顶端有凹陷。

幼虫：老熟幼虫体长90～100mm，头部黄褐色，体灰褐色，中、后胸背有黄褐色毒毛带，腹背各节有1个"凹"字形斑，8节有棕黑色刷状毛。

蛹：长60～80mm，黄棕色，腹末具臀棘1对。

茧：棕黄色。

**寄　　主**　栎、落叶松、银杏、榛、杨等。

**分　　布**　辽宁、黑龙江、北京、浙江、江西、山东、河南、湖北、湖南、广西、四川、贵州、云南、陕西、甘肃等地。辽宁省内分布于抚顺、本溪、丹东、辽阳等地。

**发生规律**　1年发生1代，以幼龄幼虫在树皮缝隙等处越冬。翌年3月下旬至4月上旬开始活动取食，7月上中旬结茧化蛹，8月上中旬羽化为成虫并交尾产卵，产卵于寄主植物的树干和枝叶上。成虫寿命10～15d。9月中旬孵化为幼虫。初孵幼虫多在夜间取食，白天静伏于树干或枝条上，常群集危害，3龄后分散取食。

**防治方法**　①幼虫越冬期，搂树盘破坏越冬场所；化蛹期、产卵期摘除茧、卵块。②利用灯光诱杀成虫。③低龄幼虫期，每公顷喷施苏云金杆菌（Bt）16000IU/mg可湿性粉剂800～1600倍液、4000IU/μL苏云金杆菌粉剂4.5～6kg，或白僵菌300亿孢子/g油悬浮剂1.8～3.6kg。2～3龄幼虫期，喷施25%灭幼脲Ⅲ号1.8kg/hm²或1.2%烟碱·苦参碱插管烟剂15～30kg/hm²。④幼虫上、下树前，树干绑毒绳、毒带或毒笔划环、涂毒胶环进行阻杀。

被害状

雄成虫

雌成虫

幼虫

## 47 花布灯蛾

| | |
|---|---|
| **学　名** | *Camptoloma interiorata*（Walker） |
| **别　名** | 花布丽灯蛾、黑头栎毛虫 |
| **分类地位** | 鳞翅目（Lepidoptera）灯蛾科（Arctiidae） |

**形态特征**　成虫：体长10~14mm，翅展32~38mm，翅橘黄色，具6条黑线。头金黄色，触角栉齿形、黑色，基节为黄色。下唇须、胸及足为黄色，足具黑带。雌蛾腹部密被粉红色绒毛。

卵：椭圆形，略扁，长约0.3mm，黄白色，单层排列成块，表面覆盖粉红色绒毛。

幼虫：老熟幼虫体长30~35mm，头黑色，腹部淡黄色，有茶褐色纵条纹，各节着生白色长毛，腹足基部及臀板均为黑褐色。

蛹：椭圆形，长10~20mm，浅红棕色，腹末具一圈齿状突起；茧深黄色。

**寄　主**　麻栎、栓皮栎、辽东栎、槲栎、槲树、蒙古栎、板栗、枹树、苦槠、乌桕、东北桲柳等。

**分　布**　辽宁、黑龙江、吉林、河北、陕西、山东、江苏、浙江、安徽、江西、福建、河南、湖北、湖南、广东、广西、四川、云南等地。辽宁省内分布于大连、鞍山、抚顺、本溪、锦州、营口、辽阳等地。

**发生规律**　1年发生1代，以3龄幼虫在树干或枝丫处结虫苞群集越冬。翌年3月下旬幼虫上树钻入芽苞内蛀食，取食嫩芽，留下空芽苞，致芽苞枯死。栎树放叶时，幼虫可将整片小嫩叶食光，暴食期时，可在极短时间内将栎树叶片全部食光，如同火烧。5月中下旬开始结茧化蛹，蛹期约28d。6月中下旬为羽化盛期，羽化时间多在上午。7月产卵，卵期约14d。初孵幼虫从卵底咬破卵壳爬出，群集卵块周围，在卵块下面吐丝结成灰白色的虫苞。幼虫取食到10月中旬便陆续下树入土越冬。

**防治方法**　①摘除虫苞，集中烧毁。②利用灯光诱杀成虫。③春季越冬幼虫活动初期未上树前，向地面、树干喷施苦参碱800倍液或阿维菌素1500倍液；幼龄幼虫期向树冠喷施白僵菌或Bt制剂。④幼虫上树前10d左右在距树干基部1m左右高处绑毒绳。

被害状

成虫

成虫　　　　　　　　　　　　　　新羽化成虫及茧

卵块

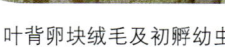

叶背卵块绒毛及初孵幼虫　　　　　　　　　初孵幼虫

群集幼虫

越冬虫苞

群集幼虫

幼虫

越冬虫苞

茧

蛹

## 48 美国白蛾

| | |
|---|---|
| **学　　名** | *Hyphantria cunea*（Drury） |
| **别　　名** | 秋幕毛虫 |
| **分类地位** | 鳞翅目（Lepidoptera）灯蛾科（Arctiidae） |

**形态特征** 成虫：体长9～12mm。雌蛾翅展33～44mm，触角褐色，锯齿状。复眼黑褐色，下唇须小，侧面黑色，前翅斑点少，越夏代大多数无斑点。雄蛾翅展23～34mm，前翅具褐色斑点（可分不同斑型）或无斑点，触角黑色，双栉齿状，下唇须外侧黑色，内侧白色。

卵：圆球形，初产时呈黄绿色，不久颜色渐深，孵化前呈灰褐色，卵面有无数规则凹陷刻纹；聚集成块状，常覆盖雌蛾体毛（鳞片）。

幼虫：分黑头型和红头型，我国仅有黑头型一个类型。幼虫体细长，老熟幼虫沿背中央有1条深色宽纵带，两侧各有1排黑色毛瘤，毛瘤上有白色长毛丛。

蛹：长8～15mm，暗红褐色，臀棘8～17根。

茧：灰色，很薄，被稀疏丝毛组成的网状物。

**寄　　主** 杨、柳、槐、榆、桑、苹果、梨、桃、杏、山楂、刺槐、泡桐、悬铃木等。

**分　　布** 辽宁、吉林、内蒙古、北京、天津、河北、山东、江苏、安徽、湖北、河南等地。辽宁省除朝阳外，均有分布。

**发生规律** 1年发生2代，以蛹结茧在老树皮下、枯枝落叶、杂草、石块下和表土内越冬。翌年5月中旬开始羽化，成虫交尾后产卵于叶背，每雌蛾产卵500～600粒，最多达1900粒，卵期约7d。6月中旬至7月上旬为第1代幼虫危害盛期。幼虫孵化出几小时后即可拉丝结网，3～4龄幼虫的网幕直径可达1m以上。5龄以后破网分散危害，达到暴食阶段。8月为第2代幼虫危害盛期。5龄以上的幼虫耐饥能力可达8～12d，易随货物包装物或运输工具远距离传播。

**防治方法** ①加强检疫。②2～3龄幼虫拉丝结网盛期，剪除网幕及树枝。③老熟幼虫化蛹前，在树干离地面1～1.5m处绑草把，诱集幼虫化蛹。④利用灯光诱杀成虫。⑤4龄幼虫前喷施1亿孢子/mL苏云金杆菌（Bt）悬浮液；2～3龄幼虫期喷施$1.5～3.0×10^7$PIB/mL美国白蛾NPV制剂，或25%灭幼脲Ⅲ号2000倍液、24%米满8000倍液、20%杀铃脲8000倍液或1.8%阿维菌素4000～6000倍液。⑥老熟幼虫期，选择无风或微风上午10：00至下午17：00，按1头美国白蛾幼虫释放3～5头周氏啮小蜂的比例放蜂。

被害状　　　　　　雄成虫　　　　　　雌成虫

卵块　　　　　　　幼虫和网幕

幼虫和网幕　　　　　　　　树皮下越冬蛹

蛹　　　　　　雌蛹特征　　　　　蛹臀棘

## 49 舞毒蛾

| | |
|---|---|
| **学　　名** | *Lymantria dispar*（Linnaeus） |
| **别　　名** | 秋千毛虫 |
| **分类地位** | 鳞翅目（Lepidoptera）目夜蛾科（Erebidae） |

**形态特征**　成虫：有性二型现象。雌蛾体长22~30mm，翅展58~80mm，黄白色，前翅具4条锯齿状黑色横线，中室有一黑点，中室端部横脉中有"<"形黑褐色纹，前后翅缘毛均黑白相间，腹部粗大。雄蛾体长16~21mm，翅展37~57mm，腹末尖，棕黑色，横脉上具有黑褐色弯月纹。

卵：圆形，直径约1.3mm，初为杏黄色，后变为褐色，卵块表面覆暗黄色绒毛。

幼虫：头部黄褐色，具"八"字形黑纹。3龄后体背面有2列毛瘤，前5对蓝色，后6对红色。老熟幼虫体长50~70mm。

蛹：长19~34mm，红褐色或黑褐色，被有褐黄色毛丛。

**寄　　主**　栎、杨、柳、榆、桦、刺槐、悬铃木、槭、云杉、柳杉、楸、柿及蔷薇科果树等。

**分　　布**　东北、华北、华东、西北、华中、西南和东南沿海等地。辽宁省各地区。

**发生规律**　1年发生1代，以完成胚胎发育的幼虫在卵内越冬。雌蛾分泌的性信息素对雄蛾有强吸引力；雄蛾活跃，日间常在林内成群飞舞，故称"舞毒蛾"。翌年4月中旬至5月初，孵化出幼虫，初孵幼虫群集在卵块上。6月末至7月初羽化为成虫，羽化后当晚即交尾产卵，卵产于树干2m以下背阴处、石块下等处，每雌蛾产卵1~2块，400~1200粒。

**防治方法**　①秋、冬刮除卵块；树上绑草把诱集幼虫化蛹。②利用灯光诱杀成虫。③幼虫发生初期喷施20%除虫脲10000倍，大龄幼虫期喷施1.2%烟碱·苦参碱乳油1000倍液。④保护和利用寄蝇、绒茧蜂、脊茧蜂、中华金星步甲、蜘蛛、山雀、杜鹃等天敌。⑤在树干胸高处涂阿维菌素机油药环或绑菊酯类毒绳。

被害状

雌成虫

交配

雄成虫

雄成虫

卵块

幼虫及卵　　　　　　　　　　初孵幼虫

幼虫

幼虫

蛹

## 50　榆黄足毒蛾

| | |
|---|---|
| **学　　名** | *Ivela ochropoda*（Eversmann） |
| **别　　名** | 榆毒蛾 |
| **分类地位** | 鳞翅目（Lepidoptera）目夜蛾科（Erebidae） |

**形态特征**　成虫：雌蛾体长13～15mm，翅展26～42mm；雄蛾体长10～12mm，翅展27～32mm。体、翅纯白色，前翅密生大而粗鳞毛。触角黑色，主干白色，雌蛾栉齿状，雄蛾羽毛状。前足腿节端部、胫节、跗节，中、后足胫节端部、跗节均为橙黄色。

卵：椭圆形，灰黄色，呈块状，外被有灰黑色分泌物。

幼虫：老熟幼虫体长29～35mm，灰黄色，头灰褐色，背线黑色，亚背线与气门上有白色毛瘤，瘤基部周围黑色，瘤毛很长，灰褐色。背线黄色，腹部1、2节及7、8节黑色毛瘤更为明显，6、7节中央各有黑褐色翻缩腺1个。

蛹：长约15mm，初淡绿色，后变棕黄色，腹面青灰色，胸部背面有2个黑褐色毛束。

**寄　　主**　榆、馒头柳、月季等。

**分　　布**　辽宁、黑龙江、吉林、内蒙古，西北、华北、华东、华中地区。辽宁省各地区。

**发生规律**　1年发生2代，以初龄幼虫结茧在树皮缝等隐蔽场所越冬。翌年4月下旬开始活动，取食叶片危害，6月中旬在叶背或树下灌木杂草中吐丝化蛹，6月下旬出现第1代成虫。卵产于叶背或嫩枝上，成串排列；7月中旬孵化出第1代幼虫，8月中旬化蛹，8月下旬出现第2代成虫，9月中旬孵化出第2代幼虫。大发生时可将整株叶片食光。

**防治方法**　①搜寻树皮处，刮除越冬幼虫。②利用灯光诱杀成虫。③幼虫期向树冠喷施Bt乳剂500倍液、20%高氯菊酯3000倍液、20%灭幼脲Ⅲ号3000倍液。

成虫

幼虫

## 51 侧柏毒蛾

**学　名** *Parocneria furva*（Leech）

**分类地位** 鳞翅目（Lepidoptera）目夜蛾科（Erebidae）

**形态特征** 成虫：体灰褐色，长约20mm，翅展19~34mm。前翅淡灰色，鳞片薄，略透明，翅面有不显著齿状纹，近中室有1个褐色斑点。

卵：扁圆形，长约0.8mm，初产时绿色，孵化前为黑褐色。

幼虫：老熟幼虫体长约25mm，灰绿或褐色。头灰褐色，腹面黄褐色，背线为2条褐色细线，背线两侧为青灰色宽纵带。气门上线灰黑色，气门线绿褐色，气门下线暗褐色。各节有棕白色毛瘤，被有黄褐色、黑褐色刚毛，第6、7节背中央各有淡红色翻缩腺1个。

蛹：长10~14mm，青绿色，羽化前呈褐色，每腹节有8个白斑，臀棘钩状。

**寄　主** 侧柏、桧柏、圆柏等。

**分　布** 辽宁、黑龙江、吉林、内蒙古、河北、山东、江苏、浙江、河南、安徽、湖北、江西、湖南、福建、台湾、广东、广西、四川、山西、陕西、青海等地。辽宁省内分布于大连等地。

**发生规律** 1年发生2代，以初龄幼虫在小枝或树皮缝内越冬。翌年3月幼虫出蛰，幼虫白天潜伏于树皮下或树内，夜晚取食叶尖，3龄后取食全叶；6月上旬越冬代幼虫在叶片间、树皮下或树洞内吐丝结薄茧、化蛹。6月下旬出现第1代成虫，成虫产卵于树冠的向阳面和林缘，呈不规则堆状排列。7月出现第1代幼虫。8月老熟幼虫化蛹，8月下旬出现第2代成虫。9月上中旬出现第2代幼虫。

**防治方法** ①加强营林管理，抚育间伐，合理调整林木密度，提高林分质量。②幼虫大发生期捕杀幼虫。③利用灯光诱杀成虫。④3龄幼虫前喷施25%灭幼脲Ⅲ号2000~2500倍液、2.5%溴氰菊酯2000倍液或5%高效氯氰菊酯4000倍液。⑤幼虫期可用青虫菌粉或苏云金杆菌粉防治。⑥保护和利用寄生蜂、追寄蝇、鸟类、蜘蛛、蚂蚁等天敌。

雌成虫

雄成虫

幼虫

## 52　折带黄毒蛾

**学　　名**　*Artaxa subflava*（Bremer）

**别　　名**　柿叶毒蛾、杉皮毒蛾、黄毒蛾

**分类地位**　鳞翅目（Lepidoptera）目夜蛾科（Erebidae）

**形态特征**　成虫：雌蛾体长13～17mm，翅展35～42mm；雄蛾体长9～14mm，翅展25～33mm。体浅黄色，触角黄白色。前翅黄色，顶角有2个暗褐色圆点，翅中央有一宽褐色折带，折带两侧黄白色。后翅淡黄色。足具黄色毛丛。雌蛾腹部较大，末端簇生长毛。

卵：近圆形，初产乳白色，孵化前为浅紫色。

幼虫：老熟幼虫体长约30mm，头黑色，体黄褐色，胸部较细，前胸除背中线外为黑色，中、后胸背侧具黑斑。第1、2腹节背面的1对毛瘤较大，与周围的黑斑形成大的黑色斑块。第3、4腹节黄褐色较广，第5～8腹节体背两侧具黑色斑纹，从前至后逐渐扩大。腹面黑褐色。

蛹：黄褐色，长11～14mm，腹面可见触角膨大且向内弯曲呈弧形，身体各节均具黄色短毛，气门黑色。臀棘长，深褐色。

茧：椭圆形，外附有毛，灰白色。

**寄　　主**　栎、杨、榆、槐、槭、杉、松、苹果、李、桃、梅、梨、海棠、山毛榉等。

**分　　布**　辽宁、黑龙江、吉林、内蒙古、河北、陕西、山西、陕西、甘肃、山东、江苏、浙江、安徽、江西、河南、湖北、湖南、福建、广西、广东、四川、云南、贵州等地。辽宁省内分布于沈阳、鞍山、本溪、丹东、阜新、辽阳、朝阳、葫芦岛等地。

**发生规律**　1年发生1代，以3～4龄幼虫在树干基部缝隙和地面枯枝落叶层下结网群居越冬。翌年春上树取食嫩叶。幼虫初期群集生活，逐渐分散。6月中下旬幼虫老熟，在落叶、树根间隙等处结茧化蛹。7月上旬羽化为成虫，7月中旬为羽化盛期。成虫夜间活动，具有强趋光性，产卵于寄主叶片背面，几十粒到200粒，上覆以体毛，卵期约15d，8月孵化出幼虫危害，9月末至10月上旬，陆续下树爬到落叶层等处结丝网群居越冬。

**防治方法**　①捕杀结网群集的越冬幼虫及群栖枝叶上的幼虫，剪除虫枝，集中烧毁。②利用灯光诱杀成虫。③幼虫期向树冠喷施20%高氯菊酯3000倍液，20%灭幼脲Ⅲ号3000倍液。④保护和利用绒茧蜂、寄蝇和折带黄毒蛾核型多角体病毒等。

成虫

幼虫

蛹

## 53  杨雪毒蛾

**学　　名**　*Leucoma candida* Staudinger

**别　　名**　杨毒蛾、密鳞毒蛾、褐柳毒蛾

**分类地位**　鳞翅目（Lepidoptera）目夜蛾科（Erebidae）

**形态特征**　成虫：体长15～23mm，翅展35～55mm，全身被有白色绒毛，略有光泽。触角主干白色，有黑褐色纹。前翅鳞片宽，排列紧密。足白色，有黑环。

卵：黑棕色，卵块表面灰白色覆盖物，较粗糙，呈泡沫状。

幼虫：体灰黑色，头部暗红褐色，背线黑色，两侧黄棕色，其下有1条灰黑色纵带，其上毛瘤为蓝黑色。

蛹：棕褐色或黑褐色，无白斑，光泽差，毛簇灰黄色，体表粗糙，有刻点和纹。

**寄　　主**　杨、柳、槭树、白桦及榛子等。

**分　　布**　东北地区，河北、山西、陕西、青海、新疆、山东、江西、福建、河南、湖北、湖南、四川、云南、西藏等地。辽宁省各地区。

**发生规律**　1年发生2代，少数3代，以2～3龄幼虫在树皮缝中越冬。翌年4月下旬展叶时开始危害，5月上中旬为越冬代幼虫危害盛期，蜕皮前后各停食1～3d。6月中下旬为第1代幼虫危害盛期，8月上中旬为第2代幼虫危害盛期。卵产于表皮、叶背等处，呈块状，每块有卵200粒左右，卵期约10d。初孵幼虫取食叶肉，致叶片呈透明网状，稍有动静就吐丝下垂。4龄后食全叶，发生严重时可将树叶食光。幼虫具有强避光性和群集性，耐饥力很强，白天静伏于树下隐蔽处，晚间上树取食。

**防治方法**　①秋季在树干绑草把，诱集幼虫越冬，集中烧毁。②利用灯光诱杀成虫。③幼龄幼虫期喷施25%灭幼脲Ⅲ号5000倍液、2.5%溴氰菊酯6000倍液或1.8%阿维菌素3000倍液。④幼虫期喷施1亿～2亿孢子/g苏云金杆菌或青虫菌液。⑤保护和利用鸟类、广大腿小蜂、金小蜂等天敌。⑥利用幼虫昼夜上下树习性，在树干基部涂毒环，进行阻杀。

被害状

成虫

新羽化的成虫 　　　　　　　　　　　　　　蜕皮幼虫

老熟幼虫

蛹

## 54　雪毒蛾

| | |
|---|---|
| **学　　名** | *Leucoma salicis*（Linnaeus） |
| **别　　名** | 柳毒蛾、黑柳毒蛾、柳叶毒蛾 |
| **分类地位** | 鳞翅目（Lepidoptera）目夜蛾科（Erebidae） |

**形态特征**　成虫：体长11~20mm，翅展33~55mm，通体被白色绒毛。雌蛾触角单栉齿状，主干白色；雄蛾触角羽毛状，干棕灰色。翅上鳞片较薄，翅脉带黄色，足胫节和跗节有黑白相间环纹。

卵：浅绿色，卵块覆盖银白色，表面光滑。

幼虫：背面为黄色宽纵条，其两侧各具1条黑褐色纵条，上着生红色、橙色或棕黄色毛瘤；头部黑色，有棕黄色绒毛。

蛹：黑色，有白斑，具长白毛，光泽强，毛簇白色。

**寄　　主**　杨、柳、白蜡、槭和榛。

**分　　布**　东北地区，内蒙古、河北、山西、陕西、甘肃、青海、宁夏、新疆、山东、江苏、河南、西藏等地。辽宁省内分布于沈阳、营口、阜新、朝阳、葫芦岛等地。

**发生规律**　1年发生2代，以3~4龄幼虫在树干裂缝、树洞和枯枝落叶层中越冬。翌年4月下旬至5月上旬取食危害，6月上旬化蛹，6月中旬至7月上旬出现越冬代成虫。8月为成虫交尾、产卵盛期，卵期约10d。初孵幼虫潜伏于叶背取食叶肉致叶片呈网状，5龄进入暴食期。9月下旬第2代3~4龄幼虫下树越冬。

**防治方法**　①利用灯光诱杀成虫。②幼虫期向树冠喷施1%苦参碱可溶性液剂800倍液，25%灭幼脲Ⅲ号5000倍液、BT乳剂500倍液、2.5%溴氰菊酯6000倍液。③幼虫期喷施青虫菌（1亿孢子/mL）喷雾。④保护和利用毛虫追寄蝇、黑卵蜂和小茧蜂等天敌。⑤利用幼虫昼夜上下树习性，在树干胸径处用毒胶环或毒笔、毒绳进行阻杀。

成虫

卵块

初孵幼虫

幼虫

老熟幼虫化蛹

茧和蛹

## 55　杨扇舟蛾

| | |
|---|---|
| **学　　名** | *Clostera anachoreta*（Denis et Schiffermüller） |
| **别　　名** | 白杨天社蛾、杨天社蛾、杨树天社蛾 |
| **分类地位** | 鳞翅目（Lepidoptera）舟蛾科（Notodontidae） |

**形态特征**　成虫：雌蛾体长15~20mm，翅展38~42mm；雄蛾体长13~17mm，翅展23~37mm。头黑色，体灰褐色。前翅顶端有1个褐色扇形大斑，下方有1个较大褐色圆点，翅面有4条灰白色波状横纹，外横线穿过扇形斑一段，呈斜伸的双齿形，外衬2~3个黄褐色带锈红色斑点。后翅呈灰褐色。

卵：扁圆形，直径约1mm，新鲜的卵为橙红色，近孵化时变为暗灰色。

幼虫：老熟幼虫体长32~40mm，头部黑褐色，体具白色细毛。腹部背面呈灰黄绿色，每节着生有8个环形排列的橙红色瘤，两侧各有1个较大的红黑色瘤。腹部第1节和第8节背面中央有较大的红黑色瘤。

蛹：长椭圆形，长13~18mm，褐色，末端有分叉臀棘，被有灰白色茧。

**寄　　主**　杨、柳。

**分　　布**　除广东、广西、海南和贵州外，全国各地均有分布。辽宁省各地区。

**发生规律**　1年发生3代，以蛹在落叶、土块、墙缝、粗树皮下等处结薄茧越冬。4月下旬出现越冬代成虫，6月上中旬出现第1代成虫，7月下旬至8月上旬出现第2代成虫。每年除越冬代发生较为整齐外，其余各世代重叠，5—9月均可见幼虫危害。幼虫可吐丝随风飘迁他处危害。初孵幼虫在卵块附近的叶片群集啃食叶肉，剩下叶脉和表皮，使叶片呈现网状，2龄后缀叶成苞，使叶片呈"箩底状"，3龄后分散取食叶片，形成缺刻或孔洞，甚至全树叶片都被食光。成虫产卵量大，具有强趋光性，在灯光附近的杨树上产卵较多，树冠上层产卵密度最高。

**防治方法**　①幼虫分散前，摘除带虫苞、蛹的叶。冬季和早春，清理被害株周围落叶、杂草，集中烧毁。②利用灯光诱杀成虫。③幼虫期喷施5%高效氯氰菊酯1000~1500倍液、1.8%阿维菌素3000倍液、25%灭幼脲Ⅲ号悬浮液1000倍液。④保护和利用天敌。卵期天敌有舟蛾赤眼蜂、黑卵蜂，幼虫期天敌有毛虫追寄蝇、绒茧蜂及颗粒体病毒，蛹期天敌有广大腿小蜂，鸟类对幼虫也具有控制作用。

被害状

成虫

成虫　　　　　　　　　　　卵块

卵块　　　　　　　　　　初孵幼虫

幼虫

老熟幼虫

蛹

蛹的臀棘

## 56　分月扇舟蛾

| | |
|---|---|
| **学　　名** | *Clostera anastomosis*（Linnaeus） |
| **分类地位** | 鳞翅目（Lepidoptera）舟蛾科（Notodontidae） |

**形态特征**　成虫：雌蛾体长16～18mm，翅展37～46mm；雄蛾体长12～15mm，翅展27～37mm。体和翅灰褐色，头顶和胸部背面中央黑棕色。前翅有3条灰白色横线，顶角扇形斑模糊、红褐色。亚外缘线由1列褐色点组成，在肘脉至径分脉间内衬暗褐色波浪形带。中室端部有一暗褐色圆形斑，中央有一灰白色线把圆斑分成两半。

卵：圆形，底部平，表面有2条灰白色平行的条纹，初为淡青色，孵化前呈红褐色。

幼虫：老熟幼虫体长35～40mm，头黑色，体红褐色，被淡褐色毛，背面两侧黄色，具黑点，中、后胸和第2腹节背面各有2个黄疣。第1、8腹节背面有4个馒头形小毛瘤，前2个较大，后2个较小，两亚背线间除前胸，第1、8腹节外，每节有白色突起1对。气门黑色，第1腹节气门下有一小黑瘤。

蛹：圆锥形，长15～18mm，红褐色，蛹外有灰白色薄茧。

**寄　　主**　杨、柳、桦等。

**分　　布**　辽宁、吉林、黑龙江、内蒙古、河北、河南、湖北、广西、云南等地。辽宁省内分布于抚顺、丹东、辽阳等地。

**发生规律**　1年发生1代，以3龄幼虫在落叶间吐丝缀叶做薄茧越冬。翌年5月下旬开始上树群集危害，4龄后逐渐分散，6月中下旬老熟幼虫在树上叶间吐丝结茧化蛹，7月上旬至7月底羽化为成虫，7—8月为危害盛期。成虫白天多静伏在树干粗皮缝隙及树杈间，夜晚活动。在分散而稀疏的杨树林内发生较多，危害严重，往往整株树叶片被食光，再转移到附近的树上取食。幼虫老熟后，吐丝卷叶，在其中化蛹，当杨树叶被食光时，便爬到周围的白桦、蒙古栎和松树上结茧化蛹。

**防治方法**　①摘除卵块、群栖初孵幼虫的叶片和虫苞，集中烧毁。②7月中旬至8月中旬，利用灯光诱杀成虫。③幼虫期喷施25%灭幼脲1号800～1000倍液。7月，温度适宜，降雨量充沛时，使用含100亿孢子/g白僵菌进行生物防治。④保护和利用天敌。幼虫期天敌有寄生蝇，蛹期天敌有麻雀和蚂蚁。

成虫                                          幼虫

## 57　杨小舟蛾

| 学　　名 | *Micromelalopha sieversi*（Staudinger） |
| --- | --- |

**分类地位**　鳞翅目（Lepidoptera）舟蛾科（Notodontidae）

**形态特征**　成虫：体长11～14mm，翅展24～26mm。体赭黄色、黄褐色、红褐色或暗褐色。前翅有灰白色横线3条，每线两侧具暗边，内横线似1对小括号"（　）"，中横线似"八"字形，外横线呈倒"八"字波浪形，亚外缘线由脉间黑点组成波浪形。横脉为一小黑点。后翅黄褐色，臀角处有一赭色或红褐色小斑点。

卵：半球形，初产时呈乳白色至淡黄色，近孵化时灰黑色，卵顶部有一黑点（幼虫头壳），呈块状紧密平铺于叶片背面。

幼虫：初龄幼虫浅绿色，腹部第1、3、8节背部中央有紫红色斑，额区有"八"字形黑斑，虫体略扁，臀足呈二叉状。老熟幼虫体长21～23mm，体灰褐或灰绿色，微带紫色光泽。头部赭红色具黑斑。体侧各具1条黄色纵带，各体节具有不显著的灰色肉瘤，以第1、8腹节背面肉瘤较大，上生短毛。

蛹：近纺锤形，长约13mm，褐色，臀棘上的钩刺呈叉状。

**寄　　主**　杨、柳等。

**分　　布**　辽宁、黑龙江、吉林、北京、甘肃、山西、陕西、山东、江苏、浙江、安徽、江西、湖北、湖南、重庆、四川、云南、西藏等地。辽宁省内分布于沈阳、大连、鞍山、丹东、营口、阜新、辽阳、盘锦、铁岭、朝阳、葫芦岛等地。

**发生规律**　1年发生3代。以蛹在树洞、落叶、墙缝或墙角等处越冬。翌年5月初开始羽化，5月中旬出现第1代幼虫，6月中旬出现第2代幼虫，7月上旬出现第3代幼虫，7—8月为危害盛期，9月中旬老熟幼虫下树化蛹。幼虫具世代重叠现象。成虫具有趋光性。卵多产于叶片背面，单层块状，每块含卵300～400粒。初孵幼虫群集取食叶面表皮，被害叶呈箩网状。第1、2代老熟幼虫吐丝缀叶结薄茧化蛹。

**防治方法**　①加强营林管理，营造混交林，选择抗病树种造林。②卵期、幼虫期摘除被害叶片；蛹期对被害树干半径1.5m范围内10～20cm深的土层进行翻耕，清除越冬蛹。③利用灯光诱杀成虫。④幼虫期喷施25%灭幼脲Ⅲ号1500倍液混合2.5%溴氰菊酯乳油5000倍液，或0.9%阿维菌素2000～3000倍液、2.5%三氟氯氰菊酯。⑤卵期释放赤眼蜂，1万～2万只/亩；初蛹期释放白蛾周氏啮小蜂，蜂蛹比（3∶1）～（5∶1）。

被害状　　　　　　　　　　　　　成虫

成虫　　　　　　　　　　　　　　卵

幼虫

幼虫　　　　　　　　　　　　　　蛹

## 58 黄二星舟蛾

**学　　名** *Euhampsonia cristata*（Bulter）

**别　　名** 槲天社蛾、黄二星天社蛾。

**分类地位** 鳞翅目（Lepidoptera）舟蛾科（Notodontidae）

**形态特征** 成虫：体长23~32mm，雌蛾翅展72~88mm，雄蛾翅展65~75mm。体、翅黄褐色，头、颈板灰白色。胸部背面有冠形毛簇，触角线状（雌）或双栉齿状（雄）。前翅后缘中央具小齿形毛簇，翅面上有3条暗褐色横线，内、外横线较清晰，中横线呈松散带形，内横线微弯曲，伸达后缘齿形毛簇基部，横脉纹由2个大小相同的黄色圆点组成。

卵：半球形，初产时淡黄色，后变为黄褐色至灰褐色。卵孔区位于顶端中央，花瓣形刻纹单层，由11~12枚花瓣形刻纹组成，表面其他部分为六角形隆脊组成的网纹。

幼虫：老熟幼虫体长47~70mm，头较大，头顶突起呈大球形，上颚基部红色，端部黑色，全体粉绿色具光泽。胸腹气门橙红色，气门周围有紫红色晕圈。第1~7腹节每节气门上侧有一浅黄白色斜线伸至后1节。臀节下缘双线纹，上线红色，下线黄白色。

蛹：长16~27mm，黑色，外被淡黄褐色薄茧。

**寄　　主** 柞树和蒙古栎等。

**分　　布** 辽宁、黑龙江、吉林、内蒙古、北京、河北、山西、陕西、甘肃、山东、江苏、浙江、安徽、江西、河南、湖北、湖南、海南、四川、云南、台湾等地。辽宁省内分布于沈阳、本溪、鞍山、阜新、辽阳、朝阳、盘锦、葫芦岛等地。

**发生规律** 1年发生1代，以蛹在表土层的薄茧内越冬。翌年6—7月羽化为成虫，成虫具有趋光性，飞翔力较强。成虫多产卵于叶背，1次产卵3~5粒，每雌蛾产卵约500粒，卵期约7d。8—9月为幼虫发生盛期。初孵幼虫吐丝下垂，随风扩散。1~2龄幼虫在叶背面群集取食叶肉，3~4龄后食量增大，分散取食，5~6龄食量暴增，短期内可将整个林分叶片食光，残留叶柄。大面积暴发危害后，成片栎林如同火烧。9月下旬老熟幼虫开始入土化蛹越冬。

**防治方法** ①幼虫下树高峰期捕杀老熟幼虫。②利用灯光诱杀成虫。③大发生时喷施25%阿维·灭幼脲悬浮剂1000倍液、2.5%溴氰菊酯5000倍液。④保护和利用大星步甲、青虫菌、寄生蜂、鸟类等天敌。

雌成虫                    雄成虫

成虫

幼虫

## 59 栎纷舟蛾

| | |
|---|---|
| **学　　名** | *Fentonia ocypete*（Bremer） |
| **别　　名** | 旋风舟蛾、细翅天社蛾 |
| **分类地位** | 鳞翅目（Lepidoptera）舟蛾科（Notodontidae） |

**形态特征**　成虫：体长18～25mm，雌蛾翅展46～52mm，雄蛾翅展44～48mm。头、胸背暗褐略带灰白色，腹灰褐色。前翅暗灰褐色，内、外线双道，黑色，亚中褶有黑色、褐色纵纹，外线外衬灰白边，横脉纹为圆点，与外线间有大圆斑。后翅灰褐色。

卵：扁圆形，长约0.6mm，初产为乳黄色，孵化前为黄褐色。

幼虫：体长35～45mm。头部肉色，胸部背线赤紫色，两侧绿色，前胸背面中间有一黄斑，胸足褐色。腹部第3～6节膨大，第3、4、5、7、8节背面紫红色，杂有黄色斑，第4、5节背中央有黄色圆斑。腹足黄褐色，外侧有红紫色纹。

蛹：长20～23mm，红褐色，背面中、后胸连接处有1排凹陷，共14个；臀棘短，似耳状。

**寄　　主**　蒙古栎、辽东栎、麻栎、槲栎、榛、苹果、桦等。

**分　　布**　辽宁、黑龙江、吉林、北京、河北、山西、陕西、甘肃、江苏、浙江、江西、福建、湖北、湖南、广西、重庆、四川、云南、贵州、台湾等地。辽宁省内分布于鞍山、本溪、丹东、锦州、营口、阜新、辽阳、铁岭、朝阳等地。

**发生规律**　1年发生1代，以老熟幼虫在树下杂草或枯枝落叶层下3～5cm表土层化蛹越冬。翌年7月上中旬开始羽化，中下旬为羽化盛期，8月上旬为末期。雌蛾寿命约7d，雄蛾寿命约4d。成虫趋光性强，白天潜伏于树干和叶背。羽化后数小时即可交尾，交尾、产卵均在晚间，卵产于叶背主脉两侧，散产，每片叶3～5粒，最多可达10粒。每雌蛾产卵82～250粒，卵期5～7d。7月中下旬卵开始孵化，7月下旬至8月上旬为孵化盛期。幼虫期约50d，共6龄。1龄幼虫在叶背取食叶肉，使叶片呈筛网状，2龄后蚕食叶片，5～6龄暴食。9月中下旬老熟幼虫坠地入土化蛹。

**防治方法**　①蚕场发生数量较大地块，人工挖蛹，集中深埋或烧毁。②利用灯光诱杀成虫。③幼虫期向树冠喷施Bt乳剂800倍液、1.2%烟碱·苦参碱1000倍液、1.8%阿维菌素3000倍液。④保护和利用赤眼蜂、舟蛾绒茧蜂、三突花蛛、隆肩圆蛛、步甲、螳螂、杜鹃、黄鹂、麻雀等天敌。

成虫　　　　　　　　　　　　　　　　幼虫

幼虫

幼虫　　　　　　　　　　　　　　　老熟幼虫

## 60　栎掌舟蛾

**学　　名**　*Phalera assimilis*（Bremer et Grey）

**别　　名**　栎黄掌舟蛾

**分类地位**　鳞翅目（Lepidoptera）舟蛾科（Notodontidae）

**形态特征**　成虫：雌蛾翅展48～60mm，雄蛾翅展44～45mm。头顶淡黄色，触角丝状。胸背前半部黄褐色，后半部灰白色，有2条暗红褐色横线。前翅灰褐色，银白色光泽不显著，前缘顶角处有一略呈肾形的淡黄色大斑，斑内缘有明显棕色边，基线、内线和外线黑色锯齿状，外线沿顶角黄斑内缘伸向后缘。后翅淡褐色，近外缘有不明显浅色横带。

卵：半球形，淡黄色，数百粒单层排列呈块状。

幼虫：体长约55mm，头黑色，身体暗红色，老熟时黑色。体被较密的灰白色至黄褐色长毛。体上有8条橙红色纵线，各体节有1条橙红色横带。胸足3对，腹足俱全。臀板黑色。

蛹：长22～25mm，黑褐色。

**分　　布**　辽宁、黑龙江、吉林、内蒙古东部，华北、华东、华中地区，陕西、四川等地。辽宁省内分布于沈阳、大连、鞍山、本溪、锦州、辽阳、朝阳、葫芦岛等地。

**寄　　主**　栎、板栗、榆、杨等。

**发生规律**　1年发生1代，以蛹在树下土中越冬。翌年6月成虫羽化，7月中下旬发生量较大。成虫趋光性较强，白天潜伏在树冠内的叶片上，夜间活动，羽化后不久即可交尾产卵，卵多成块产于叶背，常数百粒单层排列在一起。卵期约15d。幼虫孵化后群集在叶上取食，常成串排列在枝叶上。中龄以后的幼虫食量大增，分散危害。幼虫受惊动时吐丝下垂。8月下旬到9月上旬幼虫老熟下树入土化蛹，以树下6～10cm深土层中居多。

**防治方法**　①剪除幼虫群聚枝条；冬季搂树盘，破坏蛹越冬场所。②利用灯光诱杀成虫。③幼虫期喷施25%灭幼脲Ⅲ号胶悬剂1500倍液、Bt乳剂1000倍液或1.8%阿维菌素3000倍液。

幼虫及被害状

成虫

幼虫

幼虫

老熟成虫

## 61　苹掌舟蛾

| | |
|---|---|
| **学　　名** | *Phalera flavescens*（Bremer et Grey） |
| **别　　名** | 苹果天社蛾、舟形毛虫、黑纹天社蛾、苹果舟蛾、苹果舟形毛虫 |
| **分类地位** | 鳞翅目（Lepidoptera）舟蛾科（Notodontidae） |

**形态特征**　成虫：体长22～25mm，雌蛾翅展44～66mm，雄蛾翅展34～50mm。前翅银白色稍带黄色，近基部中央有1个铅色圆形斑，顶角有灰褐色斑，似掌形。后翅淡黄色，外缘杂有黑褐色斑。

卵：近球形，直径约1mm，初产时黄白色，近孵化时灰褐色。

幼虫：初孵幼虫头和足黑色，胸部紫红色，密被白色长毛。老熟幼虫体长约50mm，头黑色，胸部背面紫褐色，体侧有3条紫红色的纵线纹，体上密被黄白色长毛，全身暗红紫色。

蛹：纺锤形，长20～25mm，红褐色。中胸背板后缘有9个缺刻，腹部末节背板光滑，前缘具7个缺刻，腹末有臀棘6根，中间2根较大，外侧2根常消失。

**寄　　主**　榆、柳、板栗、核桃、苹果、梨、杏、桃、李、梅、山楂、沙果、樱桃等多种阔叶树。

**分　　布**　辽宁、黑龙江、吉林、北京、河北、山西、陕西、甘肃、山东、江苏、上海、浙江、安徽、福建、河南、江西、湖北、湖南、广东、广西、海南、重庆、四川、云南、贵州、台湾等地。辽宁省内分布于沈阳、大连、鞍山、本溪、丹东、营口、阜新、辽阳、朝阳、葫芦岛等地。

**发生规律**　1年发生1代，以蛹在寄主树干周围表土中越冬。7月上旬至8月中旬为羽化期，成虫趋光性强。白天隐藏在树冠内或杂草丛中，夜间活动。产卵于叶背，数十粒或百余粒，排列整齐呈块状。卵期6～13d。初孵幼虫先群集叶片背面，头向叶缘排列成行，由叶缘向内取食叶肉，仅剩初孵叶脉和下表皮。幼虫受惊后成群吐丝下垂。

**防治方法**　①晚秋和早春搂树盘挖除越冬蛹；幼虫群聚期摘除虫叶，集中烧毁。②利用灯光诱杀成虫。③幼虫期喷施Bt乳剂500倍液、1%苦参碱1000倍液、20%速灭杀丁3000倍液或灭幼脲Ⅲ号4000倍液。④保护和利用啮小蜂、长须茧蜂、松毛虫、赤眼蜂、蜘蛛、螳螂、灰喜鹊、麻雀等天敌。

被害状

成虫

幼虫

老熟幼虫

## 62　松阿扁叶蜂

| 学　　名 | *Acantholyda posticalis*（Matsumura） |
|---|---|
| **分类地位** | 膜翅目（Hymenoptera）扁叶蜂科（Pamphiliidae） |

**形态特征**　成虫：雌虫体长12~14mm，黑色，有光泽，体扁阔；头褐色，有6个黄斑。前胸背板隆起呈心形，中胸背板有2个黄色斑，后胸有1个黄色斑；腹部两侧较扁，黄褐色；翅淡灰黄色，透明，翅痣黄色，翅脉黑色。雄虫体长10~12mm，中胸盾片、小盾片黑色，颈片、中胸盾侧片、基腹片、后胸前侧片黄白色，腹斑黄色。

卵：半月形或舟形，长约3mm，白色。

幼虫：初孵幼虫头部黄绿色，腹部乳白色，后变污白色，背线紫红色。老熟幼虫体长18~22mm，入土后浅黄色。

蛹：雌蛹长15~19mm，褐黄色；雄蛹长10~11mm，浅黄色，羽化前变为黑色。

**寄　　主**　红松、油松、樟子松。

**分　　布**　辽宁、黑龙江、内蒙古、河北、山西、陕西、山东、河南等地。辽宁省内分布于大连、鞍山、抚顺、本溪、丹东、铁岭等地。

**发生规律**　1年发生1代，以老熟幼虫在表土中越冬。翌年4月中旬至6月上旬化蛹，5月中旬至7月上旬羽化，5月上旬大量羽化，并开始产卵，5月中旬为产卵盛期，5月下旬幼虫孵化，6月上旬至下旬为危害盛期，7月中旬至8月中旬下树越冬。大发生时，被害严重林分针叶几乎全部被食光，红松球果和种子严重减产。

**防治方法**　①晚秋和早春搂树盘破坏越冬场所，清除越冬幼虫。②成虫羽化期向地面喷施2.5%溴氰菊酯3000倍液。幼虫危害期向树冠喷施1.8%阿维菌素800倍液，1.2%苦参碱1000倍液。幼虫下树期，向地面喷施2.5%溴氰菊酯3000倍液。

被害状

成虫

成虫

卵

幼虫

蛹

老熟幼虫和蛹

## 63 伊藤厚丝叶蜂

| | |
|---|---|
| **学　　名** | *Euura itoi*（Okutani） |
| **分类地位** | 膜翅目（Hymenoptera）叶蜂科（Tenthredinidae） |
| **形态特征** | 成虫：雌虫体长7.5～10.5mm，翅展12～13mm，体、翅黄褐色，胸部腹面深褐色，足褐色。雄虫体长6～7mm，翅展约12mm，翅深褐色，胸、腹部背面深褐色，腹部腹面黄褐色，足黄褐色。<br>卵：椭圆形，长约1.4mm，初产淡黄色，孵化前褐色。<br>幼虫：老熟幼虫体长14～17mm，头黑色，体背线两侧各具1个大黑斑，胸部各节侧板各具1个毛瘤，腹部1～7节背面各具2个黑色毛瘤。<br>蛹：长8～9mm，乳白色，复眼红色。 |
| **寄　　主** | 日本落叶松、兴安落叶松、长白落叶松。 |
| **分　　布** | 辽宁、黑龙江、吉林等地。辽宁省内分布于大连、抚顺、丹东、铁岭等地。 |
| **发生规律** | 1年发生3代，以老熟幼虫在枯枝落叶层中结茧越冬。翌年5月上旬开始化蛹，5月中旬开始羽化、产卵。5月底出现第1代幼虫，6月下旬化蛹，7月上旬出现第1代成虫并产卵；7月中旬出现第2代幼虫，8月上旬化蛹，8月中旬出现第2代成虫并产卵；8月下旬出现第3代幼虫，9月中旬陆续进入枯枝落叶层结茧越冬。通常白天羽化，羽化后雌虫常伏在下木、杂草的叶面上，雄虫比较活跃。雌虫交尾后飞向树冠，卵多产于叶背。幼虫群集，孵化后向叶簇下方转移取食，幼虫3龄以后食量增大，达到暴食期。第1代幼虫期约30d，第2、3代15～20d。9月中旬老熟幼虫逐渐坠落于枯枝落叶层中结茧越冬。 |
| **防治方法** | ①越冬期，搂树盘破坏越冬场所；卵期、幼虫期，剪除带卵、幼虫枝条。②幼虫期喷施100亿活孢/mL的白僵菌粉剂、1.8%阿维菌素2000倍液或1.2%烟碱·苦参碱800倍液。郁闭度大的林分可施放烟碱·苦参碱烟剂，1～1.5kg/hm$^2$。 |

被害状

成虫

卵

幼虫

幼虫

幼虫

蛹

## 64 刺槐圆瘿蚊

| | |
|---|---|
| **学　名** | *Obolodiplosis robiniae*（Haldeman） |
| **别　名** | 刺槐叶瘿蚊 |
| **分类地位** | 双翅目（Diptera）瘿蚊科（Cecidomyiidae） |

**形态特征**　成虫：雌虫体长3.2～3.8mm，触角丝状，14节，复眼大；胸部背面有3个纵长形大黑斑，前翅发达，有黑色绒毛；腹部橘红色，腹末稍尖；足细长，均显著长于体。雄虫体长2.7～3.0mm，触角26节；腹部背面黑褐色，具较密的浅色细毛；外生殖器露出腹端，生殖器刺突长而显著，长于其基部的生殖突基节。

卵：长卵圆形，淡褐红色，半透明，长约0.27mm，宽约0.07mm。

幼虫：纺锤形或长椭圆形，体长2.8～3.6mm，乳白色至淡黄色；气门9对，分别着生于前胸和腹部第1～8节背面两侧。

蛹：长2.6～2.8mm，淡橘黄色，头顶两侧各生有一褐色长刺伸出头顶，翅、足等附肢粘连，腹部第2～8节背面各有一褐色刺突。

**寄　主**　刺槐。

**分　布**　辽宁、吉林、北京、河北、山东等地。辽宁省内分布于鞍山、锦州、营口、铁岭、盘锦、葫芦岛等地。

**发生规律**　以1年发生4代为主，以幼虫和蛹在土中越冬。4月下旬至5月中旬出现第1代幼虫，6月中旬至7月上旬出现第2代幼虫，为危害盛期，8月上旬至8月中旬出现第3代幼虫，9月中旬至10月中旬出现第4代幼虫。各代幼虫均危害刺槐叶片。

**防治方法**　①加强植物检疫。②剪除虫梢，挖坑深埋，降低虫口密度；清理落叶，集中烧毁。③利用灯光诱杀成虫。④成虫羽化高峰或幼虫初龄期喷施10%吡虫啉乳油、1%苦参碱可溶性剂1000倍液或25%灭幼脲Ⅲ号2000～3000倍液。⑤保护和利用广腹细蜂、瓢虫、螳螂、捕食螨等天敌。

被害状

成虫

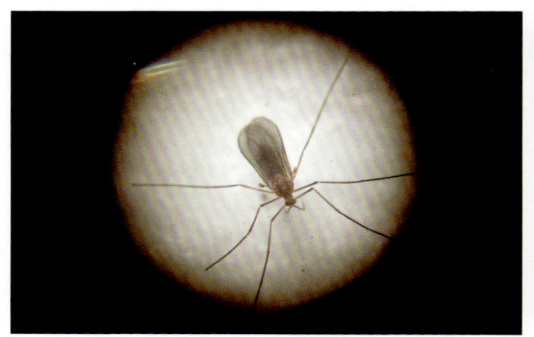

成虫　　　　　　　　　　　　卵

幼虫

蛹

# 四、蛀干害虫

## 65 青杨楔天牛

| | |
|---|---|
| **学　　名** | *Saperda populnea*（Linnaeus） |
| **别　　名** | 青杨天牛、青杨枝（楔）天牛、山杨天牛 |
| **分类地位** | 鞘翅目（Coleoptera）天牛科（Cerambycidae） |

**形态特征**　成虫：体长11~14mm，黑色，密被金黄色绒毛，间杂有黑色长绒毛。触角鞭状，雌虫触角较体短，雄虫触角与体等长。两鞘翅上各生有金黄色绒毛组成的圆斑4~5个。

卵：长椭圆形，一端稍尖，中央略有弯曲，长约2mm，黄白色。

幼虫：老熟幼虫体长10~15mm，深黄色；背中线明显，暗色；头黄褐色，缩入前胸内；前胸背板黄褐色，有2条明显侧沟；腹部1~7节的背、腹面生有纺锤形步泡突。

蛹：长11~15mm，乳黄色。

**寄　　主**　山杨、加拿大杨、毛白杨、银白杨、美杨、中东杨、辽杨、小青杨、小叶杨和嵩柳、朝鲜垂柳等。

**分　　布**　辽宁、黑龙江、吉林、内蒙古、北京、河北、山西、陕西、甘肃、青海、宁夏、新疆、山东、江苏、安徽、福建、河南、湖北、广东、贵州等地。辽宁省内分布于沈阳、丹东、锦州、营口、阜新、朝阳、葫芦岛等地。

**发生规律**　1年发生1代，以老熟幼虫在虫瘿内越冬。5月上旬到6月中旬为羽化期，羽化孔呈圆形，直径约3.5mm。前期羽化雄性个体多，后期雌性个体多。成虫需不断取食叶片或嫩皮来补充营养，每成虫可取食2~4cm²的叶片。5月下旬卵相继孵化出幼虫，老熟幼虫在9月末蛀到近韧皮部处，并用木屑堵塞蛀道，形成纺锤状树瘤，被称作"虫瘿"。老熟幼虫停止活动后在虫瘿内越冬。成虫喜光，常在2年生以下尚未成熟的杨树主干以及发育较好的侧枝上产卵。

**防治方法**　①晚秋到早春剪除虫瘿，集中烧毁。②幼虫危害初期按照每厘米胸径0.3~0.5mL用量向树木干基打孔注射5%吡虫啉乳油，毒杀初孵幼虫。成虫羽化期至产卵前，喷施80%绿色威雷微胶囊剂1000倍液或2.5%溴氰菊酯3000倍液。③保护和利用啄木鸟、肿腿蜂、距姬蜂、天牛赤腹姬蜂等天敌。

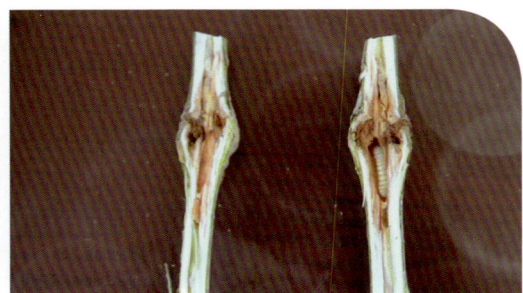

被害状

成虫

幼虫

羽化　　　　　　　　　　　　　　羽化孔

## 66 桃红颈天牛

| | |
|---|---|
| **学　　名** | *Aromia bungii*（Faldermann） |
| **别　　名** | 红颈天牛 |
| **分类地位** | 鞘翅目（Coleoptera）天牛科（Cerambycidae） |

**形态特征**　成虫：雌虫体长30~42mm，雄虫体长23~28mm，体黑褐色有光泽。前胸酱红色或暗红色，前胸背板前缘与后缘各生有1对小突起，两侧有大型突起。触角丝状，11节，雌虫触角长于虫体2节，雄虫触角长出虫体5节。雌虫前胸腹面有许多横皱，雄虫前胸腹面密布刻点。鞘翅表面光滑，基部较前胸宽，后端狭窄。

卵：椭圆形，长1.6~2.0mm，初产为绿色，后变淡黄色，光滑略有光泽。

幼虫：老熟幼虫体长42~52mm，黄白色，前端大，向后渐细，呈楔形。头小，棕褐色，上颚黑色。前胸背板横长方形，前半部横列黄褐色斑块4个，背面2个各呈长方形，前缘中央有凹缺；两侧斑块略呈三角形；后半部色淡有纵皱纹。中、后胸较小。腹部10节，第1~7节腹面和背面各具1对步泡突。

蛹：长约35mm，初为乳白色，后渐变为黄褐色，前胸两侧和前缘中央各有1个突起，前胸背面有2排刺毛。

**寄　　主**　桃、杏、李、梅、榆叶梅、樱桃、郁李、苹果、海棠、梨、栾树、柳、杨、榆、桑、柿、石榴、板栗、柞木和花椒等。

**分　　布**　辽宁、黑龙江、吉林、内蒙古、北京、天津、河北、山西、陕西、甘肃、青海、宁夏、山东、江苏、上海、浙江、安徽、江西、福建、河南、湖北、湖南、广东、广西、重庆、四川、贵州、云南、香港、台湾等地。辽宁省内分布于沈阳、丹东等地。

**发生规律**　2~3年发生1代，以幼龄幼虫（第1年）和末龄幼虫（第2年）在树干蛀道内越冬。幼虫向下蛀食韧皮部，第1年入冬时幼虫在皮层中越冬。翌年春季寄主萌动后幼虫继续向下蛀食，由皮层逐渐蛀入木质部，蛀道弯曲不规则。第3年春继续蛀害，4—5月幼虫老熟后在虫道末端筑蛹室化蛹，5—8月陆续羽化。

**防治方法**　①通过主干与主枝上细小红褐色虫粪发现幼虫并杀死幼虫。②成虫羽化初期向树冠和主干均匀喷施15%吡虫啉微胶囊剂3000倍液；幼虫危害初期向苗木主干和大树枝条喷施15%吡虫啉微胶囊剂3000倍液。③保护和利用大斑啄木鸟、星头啄木鸟、管氏肿腿蜂等天敌。

被害状

成虫

成虫

成虫

幼虫

蛹

流胶

## 67 栗肿角天牛

| 学　名 | *Neocerambyx raddei* Blessig |
|---|---|

**别　名** 栗山天牛

**分类地位** 鞘翅目（Coleoptera）天牛科（Cerambycidae）

**形态特征** 成虫：体长38～60mm，黑色，被黄色绒毛。头部向前倾斜，触角11节，第3、4节端部膨大成瘤状。雌虫触角等于或略短于体长，雄虫触角长约为体长1.5倍。前胸背板具横褶皱，两侧弧形，前胸腹板凸片宽阔，中胸背板发音区无中央纵纹。鞘翅两侧缘近平行，有皱纹，内缘角生尖刺。

卵：长椭圆形，长4～5mm，淡黄色，端部具疣状突起。

幼虫：圆筒形，乳白色，具细毛。头部分缩入前胸，小而宽，头部后方浅黄褐色，前胸背板前缘具2个并列的淡黄色"凹"字纹。第1～7节的背腹两面各具步泡突1个，背面步泡突中央具1条短纵沟，腹部第9节比前面各节长，腹面具1条横沟。

蛹：纺锤形，长60～65mm，淡黄白色，头部略倾于前胸下，触角呈发条状。

**寄　主** 板栗、蒙古栎、辽东栎、栓皮栎、麻栎、槲栎、千金榆等。

**分　布** 辽宁、黑龙江、吉林、内蒙古、北京、河北、山西、陕西、山东、江苏、浙江、安徽、江西、福建、河南、湖北、湖南、海南、重庆、四川、贵州、云南、台湾等地。辽宁省内分布于大连、鞍山、抚顺、本溪、丹东、锦州、营口、辽阳、朝阳、葫芦岛等地。

**发生规律** 3年发生1代，以幼虫在树干中越冬。7月上旬开始羽化，7月下旬为羽化盛期。7月中旬到8月中旬开始产卵，当年孵化的幼虫蜕皮1～2次，到10月中旬开始越冬，翌年4月上旬开始活动，经过2～3次蜕皮后，11月上旬以4龄幼虫越冬，第3年以5～6龄老熟幼虫越冬。第4年6月上旬开始化蛹，蛹期约27d。以幼虫钻蛀寄主韧皮部和木质部危害，导致寄主树冠枝条大部分枯死，树干千疮百孔。

**防治方法** ①在长杆头绑丝状物粘捕成虫。②利用灯光诱杀成虫。③成虫期喷施8%氯氢菊酯微胶囊悬浮剂300～600倍液。2龄幼虫后，噻虫啉、吡虫啉等内吸性药剂打孔注药；磷化铝片剂9g/m³熏杀幼虫。④保护和利用花绒寄甲、管氏肿腿蜂、白蜡吉丁肿腿蜂、跳小蜂、黑头啄木鸟等天敌。

被害状

成虫

成虫

蛀道内成虫

卵

幼虫　　　　　　　　　羽化　　　　　　　　　蛹

## 68 云杉花墨天牛

| | |
|---|---|
| **学　　名** | *Monochamus saltuarius*（Gebler） |
| **别　　名** | 云杉花黑天牛、云杉墨天牛 |
| **分类地位** | 鞘翅目（Coleoptera）天牛科（Cerambycidae） |

**形态特征**　成虫：体长11～22mm，宽3～6mm。体背面被较密的棕褐色绒毛，外表呈黑褐色，微带古铜色光泽。触角11节，雌虫触角各节基部有灰白色环，为体长的1.4倍；雄虫触角全黑色，为体长的2.4倍。前胸背板前方具2个由黄色绒毛组成的小斑点，有时后方还有2个更小的斑点，表面刻点细而密。小盾片密被淡黄色绒毛，中央有1条光滑纵纹。鞘翅基部以下绒毛较浓密，呈棕褐色，并杂有许多极显著的淡黄色或白色斑点，尤以雌虫为多。淡斑遍布全翅，隐约排列成3条横带。翅面前1/4处刻点较粗，中央刻点稀疏且小，后部较不明显，沿基缘及肩部有小颗粒。后胸腹板长毛较稀。

卵：长椭圆形，稍弯曲，长约4.5mm，宽约1.2mm，白色。

幼虫：与云杉大墨天牛（*M.urussovi*）相似，但体形较小，头卵圆形，前1/3处最宽，向后稍窄，长度较长，口上毛3支。与云杉小墨天牛（*M.sutor*）相似，背步泡突和腹步泡突的瘤和沟排列有所不同。本种背步泡突有一明显纵沟将其分为左右两半，步泡突周围有一沟环绕，沟两侧各有一圆瘤，因而整个步泡突好像4行瘤。腹步泡突有1条横沟，沟为倒"人"字形，两端向后弯，弯处为圆形。只有老龄幼虫气门明显。

蛹：个体较小，触角与翅芽颜色较浅。

**寄　　主**　云杉、落叶松、樟子松、冷杉、红松，以危害云杉为主。

**分　　布**　辽宁、黑龙江、吉林、内蒙古、河北、山西、陕西、甘肃、新疆、山东、浙江、江西等地。辽宁省内分布于沈阳、抚顺、本溪、丹东、辽阳、铁岭等地。

**发生规律**　云杉花墨天牛是辽宁省松材线虫病重要的传播媒介。1年发生1代，以幼虫在木质部虫道中越冬。翌年春季幼虫在虫道末端做蛹室化蛹。6月中旬羽化，6月下旬为羽化盛期，7月逐渐绝迹。严重危害新鲜原木和衰弱立木，成虫羽化后取食云杉和红松枝条皮层，不喜光，多藏在枝条和木段下。补充营养时，如受惊扰马上落下不动，几分钟后又开始迅速爬行和飞走。经一段时间补充营养，性成熟后开始交尾产卵。一生可交尾多次。产卵时先咬好长梭形刻槽，产卵量为11～25粒。幼虫孵化后，开始在韧皮部取食。2龄幼虫咬通韧皮部达到边材。4龄幼虫开始向木质部钻蛀虫道，天气暖和时，爬至树皮下活动取暖，气温低于5.0℃时，在木质部内不再出来活动。

**防治方法** ①加强检疫，严禁虫源木调运。②加强营林管理，抚育间伐。营造混交林，增强树势。③人工捕杀和饵木诱杀。8月初修枝并剥皮，捕杀幼虫和成虫。选择树势衰弱松树，引诱天牛产卵，产卵期过后，将饵木集中烧毁。④成虫羽化高峰期，补充营养时向枝干喷施8%绿色威雷微胶囊剂1000倍或2.5%溴氰菊脂3000倍液；磷化铝片剂熏蒸。⑤保护和利用肿腿蜂和花绒寄甲等寄生性天敌。

被害状

被害状　　　　　　　　幼虫及被害状　　　　　　　　侵入孔

成虫头部前面观

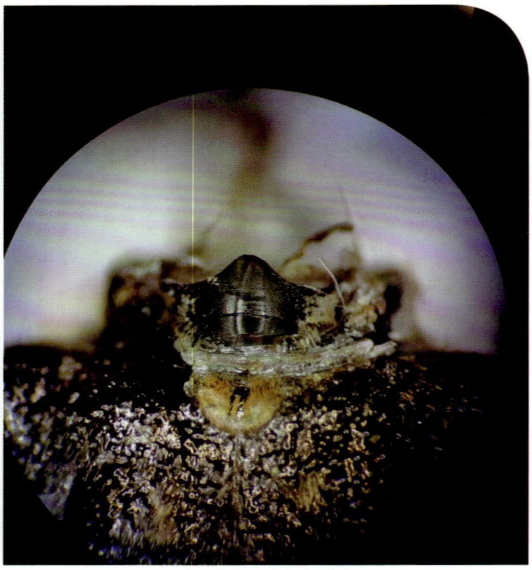

成虫发音器

雌成虫

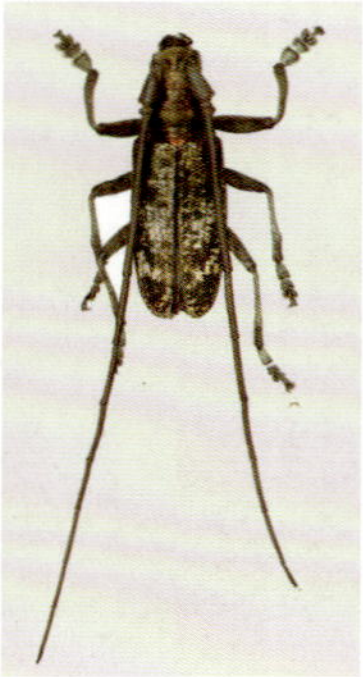

雄成虫

卵

幼虫

1龄幼虫

2龄幼虫

3龄幼虫

4龄幼虫

预蛹

## 69 松墨天牛

| | |
|---|---|
| **学　　名** | *Monochamus alternatus* Hope |
| **别　　名** | 松褐天牛、松天牛 |
| **分类地位** | 鞘翅目（Coleoptera）天牛科（Cerambycidae） |

**形态特征**　成虫：体长15～28mm，体橙黄色到赤褐色，鞘翅上饰有黑色与灰白色斑点。前胸背板有2条较阔的橙黄色条纹，与3条黑色纵纹相间。小盾片密被橙黄色绒毛。每一鞘翅具5条纵纹，由方形或长方形的黑色及灰白色绒毛斑点相间组成。触角棕栗色，雌虫除末端2、3节外，其余各节大部被灰白毛，只留出末端一小环是深色；雄虫第1、2节全部和第3节基部具有稀疏的灰白色绒毛。触角雌虫约超出体长1/3，第3节比柄节约长1倍，并略长于第4节，雄虫超过体长1倍多。前胸侧刺突较大，圆锥形。鞘翅末端近乎切平。

卵：略呈镰刀形，长约4mm，乳白色。

幼虫：乳白色，老熟幼虫长约43mm。头黑褐色，前胸背板褐色，中央有波状横纹。

蛹：圆筒形，长20～26mm，乳白色。

**寄　　主**　油松、黑松、马尾松、冷杉、云杉等。

**分　　布**　辽宁、北京、河北、山东、河南、陕西、江苏、安徽、浙江、湖北、江西、湖南、福建、台湾、广东、香港、广西、四川、贵州、云南、西藏等地。辽宁省内分布于大连等地。

**发生规律**　松墨天牛是松材线虫病传播的媒介昆虫之一。1年发生1代，以老熟幼虫在木质部坑道中越冬。翌年3月下旬，越冬幼虫开始在虫道末端蛹室中化蛹。4月中旬开始羽化，羽化后成虫经6～8d于木质部内咬一圆形羽化孔，直径为8～10mm。雌雄性比约1∶1。5月为成虫活动盛期。成虫多在傍晚和夜间活动，主要在树干和1～2年生的嫩枝上取食补充营养，以后逐渐移向多年生枝。成虫喜食2年生枝，补充营养后期成虫几乎不再移动。

**防治方法**　①7月中旬之前，选择树势衰弱松树，引诱天牛产卵。产卵期过后，将饵木集中烧毁。②成虫羽化期喷施2%噻虫啉微胶囊悬浮剂7.5kg/hm²或3%高效氯氰菊酯微胶囊悬浮剂400～600倍。6%吡虫啉树干打孔注药，杀灭幼虫。③保护和利用天敌。10月下旬以每亩40头密度释放花绒寄甲，7月中旬之前以每亩1200头左右释放管氏肿腿蜂。④5月中旬天牛成虫羽化期在林间设置诱捕器诱集天牛成虫。

被害状　　　　　　　虫瘿

成虫　　　　　　　　　　　　　刚羽化成虫

卵　　　　　　　　　　　　　　幼虫

蛹

**70　褐梗天牛**

| | |
|---|---|
| 学　　名 | *Arhopalus rusticus*（Linnaeus） |
| 别　　名 | 褐幽天牛、梗天牛 |
| 分类地位 | 鞘翅目（Coleoptera）天牛科（Cerambycidae） |

**形态特征**　成虫：体长10～30mm，宽6～7mm，褐色或红褐色。体较扁圆，密布灰黄色短绒毛。雌虫触角较短，达体长的1/2，基部5节较粗，第3节最长，自第6节起逐渐变细；雄虫触角达体长的3/4。前胸宽大于长，密布刻点，中央有1条光滑略凹的纵纹，与后缘前方中央的1个横凹陷相连，背板两侧各有1带有粗大刻点的肾形长凹陷。小盾片较大，舌形。鞘翅有2条平行纵隆线，末端圆。腹面棕红色。雌虫腹末节较狭长，雄虫短阔。

卵：长椭圆形，两头略尖，长约2mm，淡黄色。

幼虫：老熟幼虫圆筒形。体粗壮，长约37mm，头较大，棕黄色，多毛，侧缘向后膨大或浑圆，宽大于长，部分缩入前胸，与前胸几乎近等宽。前胸背板宽大于长，前端1/4处最宽，前缘白色，被细毛，前缘后有棕黄色横纹，侧面密布棕黄色细毛，背面侧区和中区淡色，有光泽，后区侧沟间为棕黄色骨化板，密被棕黄色绒毛并有暗色刺粒，杂生许多光滑小点。背泡突略凸起，表面具棕黄色小刺粒，侧区有纵褶。第9腹节背板后端生有2个相互靠近的小型尾突，尾突端部骨化呈尖锥形。

蛹：黄白色。

**分　　布**　辽宁、黑龙江、吉林、内蒙古、北京、天津、河北、山西、陕西、甘肃、宁夏、山东、浙江、河南、江西、福建、河南、湖北、海南、四川、贵州、云南等地。辽宁省内分布于丹东、朝阳等地。

**寄　　主**　马尾松、黑松、落叶松、赤松、油松、华山松、雪松、日本柳杉和刺柏等。

**发生规律**　2～3年发生1代，以幼虫在木质部蛀道中越冬。翌年3月下旬越冬幼虫开始活动。5月中下旬开始羽化，6月中下旬为羽化盛期，成虫期长达4个月，8月初几乎看不到成虫，8月中旬再次出现羽化小高峰。6月上旬至10月初为幼虫孵化期。4月下旬开始化蛹，6月中旬达到化蛹盛期，9月中旬化蛹结束。幼虫潜入树干内蛀食，对衰弱木、濒死木、建筑材料都有危害，并可随木材运输远距离传播扩散。

**防治方法**　①利用灯光诱杀成虫。②成虫期向枝干喷施80%绿色威雷微胶囊剂1000倍或2.5%溴氰菊酯3000倍液；幼虫期用磷化铝毒签插入虫孔毒杀幼虫。③保护和利用郭公虫、花绒寄甲、管氏硬皮肿腿蜂等天敌。④利用天牛信息素引诱剂诱杀成虫。

蛀孔　　　　　　　　　　　　　　羽化孔

成虫

幼虫　　　　　　　　　　　　　　蛹

## 71 光肩星天牛

**学　　名**　*Anoplophora glabripennis*（Motschulsky）

**分类地位**　鞘翅目（Coleoptera）天牛科（Cerambycidae）

**形态特征**　成虫：体长17～39mm，漆黑色。触角鞭节自第3节起各节基部呈灰蓝色。雌虫触角约为体长的1.3倍，最后1节末端为灰白色；雄虫触角约为体长的2.5倍，最后1节末端为黑色。前胸背板有皱纹和刻点，两侧各有1个棘状突起。鞘翅基部光滑，翅面有20个左右白色毛斑。

卵：长椭圆形，两端略弯，长5.5～7mm，白色，近孵化时为淡黄色。

幼虫：初孵幼虫为乳白色，后为淡黄色，头部浅褐色，无足。老熟幼虫体长约50mm，体带黄色，头盖一半缩入胸腔中，前胸背板大而长，后半部有"凸"字形斑。

蛹：长25～35mm，黄白色。

**寄　　主**　糖槭、杨、柳、榆、桑、苦楝、悬铃木、沙枣、桦、枫、苹果、梨、李、樱花、桤木、刺槐、国槐、七叶树和核桃等。

**分　　布**　辽宁、黑龙江、吉林、内蒙古、北京、天津、河北、山西、陕西、甘肃、宁夏、山东、江苏、上海、浙江、安徽、江西、河南、湖北、湖南、广西、四川、贵州、云南、西藏等地。辽宁省内分布于大连、丹东、营口、阜新、辽阳等地。

**发生规律**　1年发生1代或2年发生1代，卵、幼虫、蛹均能越冬。翌年3月幼虫开始取食，幼虫在木质部、韧皮部蛀食，严重时蛀空大部分树干，破坏树木的输导组织，影响树木生长，导致树势衰弱，直至死亡；5月开始化蛹，5月下旬至6月上旬开始羽化，6月下旬至8月上旬为羽化盛期，10月仍可见到少量成虫。成虫爬出羽化孔后，取食嫩枝皮、树叶、叶柄补充营养，2～3d后交尾、产卵。产卵前先咬椭圆形刻槽，将产卵器插入槽内产一粒卵，卵期约为10d。成虫无趋光性，具一定飞翔能力，但一般不远距离飞行。

**防治方法**　①6—8月成虫产卵和低龄幼虫期，锤击产卵刻槽，清除卵和幼虫。②幼虫期20%吡虫啉干基打孔注药（0.3mL/cm胸径）。成虫期喷施20%吡虫啉粉剂500倍液，或80%氯氰菊酯微胶囊悬浮剂1000倍液。③1.6亿孢子/mL白僵菌稀释液注射虫孔或2000头/mL昆虫病原线虫*Steinernema bibionis*和*Steinernema feltiae*药液注射虫孔或用药棉吸附药液堵塞虫孔。④保护和利用啄木鸟、花绒寄甲等天敌。

被害状

成虫及被害状

幼虫及被害状

成虫

卵

蛀道内幼虫

幼虫

蛹

蛹

## 72 双条杉天牛

| | |
|---|---|
| **学　　名** | *Semanotus bifasciatus*（Motschulsky） |
| **分类地位** | 鞘翅目（Coleoptera）天牛科（Cerambycidae） |
| **形态特征** | 成虫：体长12～16mm，宽4～6mm，体扁，黑褐色。鞘翅表面较平滑细腻，色较暗，其上具2条棕褐色宽横带。腹面黑色，被黄色毛。足棕褐色，被黄色竖毛。 |
| | 卵：长椭圆形，长约2mm，白色。 |
| | 幼虫：初龄幼虫淡红色。老熟幼虫体长20～25mm，宽4～5mm，乳白色，头部黄褐色，前胸背板上有1个"小"字形凹陷及4块黄褐色斑纹。 |
| | 蛹：长20～25mm，淡黄色，触角自胸背迂回到腹面，末端达中足中部。 |
| **寄　　主** | 侧柏、圆柏、龙柏、沙地柏、扁柏、罗汉松、国槐等。 |
| **分　　布** | 辽宁、内蒙古、北京、河北、山西、陕西、甘肃、宁夏、山东、江苏、上海、浙江、安徽、江西、福建、河南、湖北、广东、广西、四川、贵州、云南、青海、台湾等地。辽宁省内分布于沈阳、大连、朝阳、葫芦岛等地。 |
| **发生规律** | 以1年发生1代为主，以成虫在被害木的边材处越冬，或以幼虫在枯死木的边材中越冬。翌年3—4月开始羽化，成虫咬一扁圆形羽化孔钻出，钻出后不需补充营养。成虫早晚多栖息在树皮缝隙、树洞或干基萌芽丛内，中午多在树干上爬行。产卵于树干2m以下树皮缝内，卵期10～20d。4月中下旬开始孵化，孵化6h后幼虫即可钻入寄主危害，5月下旬至6月中旬在韧皮部和木质部蛀食，破坏树木的输导组织，轻则影响树木生长，树叶失绿变黄，受害部位常明显突隆起，重则木质部表面布满虫道，树皮被木屑和虫粪涨裂极易剥落，树冠呈红褐色，全株枯死。幼虫多危害直径3cm以上的树木，以直径5～12cm、树高2m以下虫口密度最高。健康木、衰弱木、枯立木及新伐倒木均可受害，衰弱木受害重于健康木。 |
| **防治方法** | ①加强营林措施，抚育间伐，增强树势。②饵木诱杀。成虫羽化高峰，选择新鲜柏木段，引诱天牛产卵，产卵期过后将饵木集中烧毁。③越冬成虫活动前，树干刷涂白剂。④成虫期喷施50%吡虫啉800倍液或80%绿色威雷水悬剂500倍。⑤保护和利用啄木鸟、灰喜鹊、管氏肿腿蜂等天敌。3～5龄幼虫期，按虫蜂比为1∶1～1∶2释放管氏肿腿蜂。 |

被害状

成虫

蛀道中的幼虫

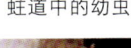

蛀道中的幼虫

## 73 双簇污天牛

| | |
|---|---|
| **学　　名** | *Moechotypa diphysis*（Pascoe） |
| **别　　名** | 双簇天牛 |
| **分类地位** | 鞘翅目（Coleoptera）天牛科（Cerambycidae） |

**形态特征**　成虫：体长18～24mm，宽6～10mm，体阔，黑色。前胸背板及鞘翅有许多瘤状突起，前胸背板中央有1个"人"字形突起，两侧各有1个大瘤，鞘翅瘤突上被黑色绒毛，淡色绒毛在瘤突间围成不规则格形。鞘翅基部1/5处各有一丛黑色长毛，极为明显。腹面有火黄色毛斑，有时毛斑扩大，覆盖盖整个腹面。雌虫触角较体稍短，雄虫触角较体略长。

卵：长椭圆形，略弯曲，长约3.6mm，宽约1mm，初产时为乳白色，孵化前为深黄色。

幼虫：初孵幼虫白色，老熟幼虫乳白色。

蛹：长约27mm，早期白色，柔软，后期变为黄褐色，蛹体较为坚硬。

**寄　　主**　栎类、杨、核桃、板栗、茅栗、青冈栎、花椒、香椿、松、柏和竹等。

**分　　布**　辽宁、黑龙江、吉林、内蒙古、北京、河北、山西、陕西、甘肃、山东、浙江、安徽、江西、河南、湖北、湖南、广西、重庆、四川、贵州等地。辽宁省内分布于丹东等地。

**发生规律**　2年发生1代。5—6月出现成虫，7—8月也可见成虫，成虫寿命约12d。交尾后雌虫产卵于枝干的缝隙处或枝杈处，卵期约10d，孵化出幼虫。幼虫危害枝干，先在皮层下蛀食，后钻入木质部向下蛀虫道，深达树干中心，每往下蛀食一段后，向外咬出1个排粪孔，从孔中排出红褐色虫粪，有时还伴随树液流出，造成枝干空洞，严重削弱树势。老熟幼虫在蛀道内化蛹。成虫羽化后喜栖息在阳坡林间的枝干上，尤以雨后的上午出现最多。成虫具有趋光性和假死性。

**防治方法**　①加强营林管理，选择抗性树种；及时清理虫害木。②捕杀成虫；锤击产卵刻槽，清除卵和幼虫。③喷施80%绿色威雷微胶囊剂1000倍液或2.5%溴氰菊酯3000倍液。④树干注射10～15mL/孔的白僵菌悬浮液。⑤保护和利用啄木鸟、管氏肿腿蜂等天敌。

成虫

成虫

成虫

## 74  杨干象

**学　　名**　*Cryptorhynchus lapathi*（Linnaeus）

**别　　名**　杨干隐喙象

**分类地位**　鞘翅目（Coleoptera）象甲科（Curculionidae）

**形态特征**　成虫：长椭圆形，体长8～10mm，黑褐色，喙、触角及跗节赤褐色。全体密被灰褐色鳞片，其间散生白色鳞片，形成不规则的横带。前胸背板两侧和鞘翅后端1/3处及腿节上的白色鳞片较密，并混杂直立的黑色毛簇。喙基部着生3个横列的黑色毛簇，鞘翅上各着生6个黑色毛簇，分别排列于第2及第4刻点沟的列间。喙弯曲，表面密布刻点，中央具1条纵隆线。鞘翅宽于前胸背板，后端的1/3处向后倾斜，并逐渐缢缩，形成1个三角形斜面。雌虫臀板末端尖形，雄虫臀板末端圆形。

卵：椭圆形，长约1.3mm，宽约0.8mm，乳白色。

幼虫：老熟幼虫体长8～9mm，乳白色，全体疏生黄色短毛，胸、腹部弯曲，略呈马蹄形。头部黄褐色，上颚黑褐色，下颚及下唇须黄褐色。胸足退化，气门黄褐色。

蛹：裸蛹，长8～9mm，乳白色。腹部背面散生许多小刺，前胸背板上有数个突出的刺，腹部末端具有1对弯曲的褐色小钩。

**寄　　主**　杨、柳、桤木、桦树。

**分　　布**　辽宁、黑龙江、吉林、内蒙古、河北、山西、陕西、甘肃、新疆、台湾等地。辽宁省内分布于沈阳、大连、抚顺、丹东、锦州、营口、阜新、辽阳、盘锦、铁岭、朝阳、葫芦岛等地。

**发生规律**　杨干象是杨树毁灭性蛀干害虫之一。1年发生1代，以卵和初龄幼虫在枝干韧皮部内越冬。翌年4月下旬幼虫开始活动，卵也相继孵化。幼虫危害时，蛀孔处的树皮呈刀砍状横形裂口，部分掉落而形成伤疤。危害后幼树的树皮表面有微下凹、红褐色水渍状或油渍状、呈倒马蹄形刻痕，并排出黑褐色丝状物或木丝。6月老熟幼虫开始化蛹，8月中旬开始羽化，羽化后成虫交尾产卵，9月为羽化盛期，10月底为末期。成虫在嫩枝条或叶片上补充营养，并形成针刺状小孔。成虫很少起飞，主要以卵和幼虫在调运时传播。

**防治方法**　①加强检疫，严禁虫源木调运。②加强营林管理，营造混交林。③幼虫期2%高效氯氰菊酯打孔注药，成虫羽化期向枝干喷施绿色威雷200～300倍液或5%吡虫啉1000倍液。④保护和利用斯氏线虫、肿腿蜂、球孢白僵菌、啄木鸟等天敌。

被害状

被害状

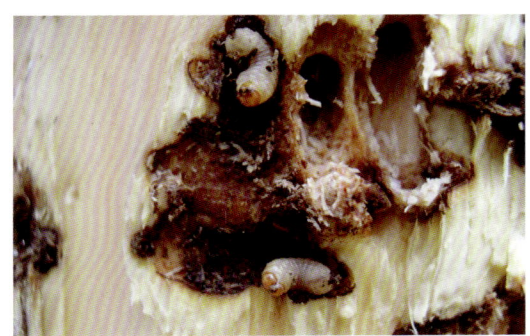

幼虫及被害状

成虫

蛹

## 75　红脂大小蠹

| | |
|---|---|
| **学　名** | *Dendroctonus valens* LeConte |
| **别　名** | 强大小蠹 |
| **分类地位** | 鞘翅目（Coleoptera）象甲科（Curculionidae） |

**形态特征**　成虫：体长5.3～9.2mm，红褐色。头顶具稀疏刻点，额区具稀疏黄色毛及黑色小瘤突，额面具不规则小隆起，额前缘有2个明显的黑色扁平瘤状突起。触角锤状，5节，被有稀疏短毛。前胸前缘中央稍呈弧形向内凹，密生细毛，前胸背板及侧区密布浅刻点和黄色毛。鞘翅长约为宽的1.5倍，基缘有明显的锯齿状突起约12个，具刻点沟8条。

卵：长椭圆形或卵圆形，长约1mm，乳白色，有光泽。

幼虫：蛴螬形，无足。老熟幼虫长约10mm，体色由乳白色渐变为乳黄色，头部红褐色，口器黑色，两侧各有黑色肉瘤1列，尾端臀板上有褐色胴痣，痣上有牛角状刺沟7个。

蛹：裸蛹，纺锤形，长6.4～10.5mm，初为乳白色，羽化前由白色渐变为浅黄色。

**寄　主**　油松、白皮松、华山松、樟子松、云杉、冷杉等。

**分　布**　辽宁、内蒙古、北京、河北、山西、陕西、河南等地。辽宁省内分布于阜新、朝阳等地。

**发生规律**　红脂大小蠹是油松林毁灭性害虫之一。1年发生1代，主要以老熟幼虫，其次以成虫、3龄、2龄幼虫及蛹在树干基部、主根、侧根的韧皮部越冬。除冬季外，全年均可见到卵。4月下旬越冬成虫开始出孔扬飞，5月中下旬为扬飞盛期，6月中旬结束。6月上旬为产卵盛期。每雌虫产卵60～157粒。幼虫共5龄，历期约15d。6月上旬越冬老熟幼虫化蛹，8月中旬为化蛹盛期。8月上旬开始羽化，8月下旬为羽化盛期。该虫是一雌一雄制家族类型，雌成虫先蛀孔侵入，而后雄成虫进入交尾，孔口形成由松脂、木屑和虫粪组成的漏斗状凝脂块（红棕至浅棕和灰白色）。松树受害后大量流脂，吸引扬飞的成虫大量入侵危害。侵入部位以距地面1m以下的主干为多，常见于近地表处和根部，最远可达根部4m处。母坑道长30～65cm，坑道内堆满虫粪和木屑。郁闭度0.3～0.4林分受害最重，阳坡重于阴坡，数量少时主要危害新伐倒木，大发生时入侵胸径大于10cm的20年生以上健康木。该虫具有繁殖快、成灾快、传播快、致死快的特点，一般2～4年即可使树木死亡。

**防治方法**　①加强检疫，严禁虫源木调运。②侵入初期，将排粪孔清理干净，虫孔注射吡虫啉等内吸性药剂，或虫孔注入磷化铝药剂，并将虫孔堵住。成虫羽化初期，向距基部1.5m以下的树干喷施触杀剂，每15～20d1次。③成虫羽化盛期后，采用活立木密闭熏蒸，熏杀成虫。从树干50～80cm处以下围裹塑料布，塑料布底部边缘至少距干基30cm且呈裙状，压住边缘并埋实，呈密闭状态，内放置磷化铝3～4片/株熏杀。④冬季休眠期砍伐虫害木，并就地进行熏蒸灭疫处理。⑤2～3龄幼虫期，每亩林地选择1株受害寄主树，每株释放5对大唼蜡甲成虫，或向凝脂状漏斗孔中移入大唼蜡甲3龄幼虫。⑥成虫扬飞期，在林分边缘迎风地带每隔20～50m悬挂1个诱捕器，监测和诱杀成虫，每3～5d收集1次。

被害状

卵块

幼虫

头部前面观　　　　　　　　　　成虫侧面观　　　　　　　　　　成虫腹面观

成虫　　　　　　　　　　　　　　　　　蛹

活立木密闭熏蒸　　　　　　　　伐根熏蒸处理　　　　　　　　漏斗状凝脂块

## 76 纵坑切梢小蠹

| 学　　名 | *Tomicus piniperda*（Linnaeus） |
| --- | --- |

**分类地位**　鞘翅目（Coleoptera）象甲科（Curculionidae）

**形态特征**　成虫：体长3.4~5mm。头部、前胸背板黑色，鞘翅红褐色至黑褐色，有光泽。翅中部以后沟间出现小颗粒，排成纵沟，沟间有短刚毛。鞘翅末端斜面第2沟间部凹陷，其表面平坦，没有颗瘤和竖毛，这一特征区别于横坑切梢小蠹等其他近缘种。

卵：椭圆形，长约1.5mm，浅白色。

幼虫：老熟幼虫体长5~6mm，乳白色，体粗多皱纹，弯曲，无足。

蛹：长约4.5mm，白色，腹末端有1对针刺，向两侧伸出。

**分　　布**　辽宁、黑龙江、吉林、内蒙古、甘肃、山西、陕西、北京、河北、山东、江苏、浙江、河南、湖北、湖南、安徽、江西、福建、四川、云南、贵州、青海、台湾等地。辽宁省内分布于抚顺、本溪、铁岭、朝阳等地。

**寄　　主**　樟子松、油松、黑松、马尾松、红松、赤松等。

**发生规律**　1年发生1代，以成虫在被害树干蛀道内越冬。翌年4月上旬越冬成虫离开越冬场所，飞上树冠侵入去年生嫩梢补充营养，由下向上蛀入嫩梢髓部。侵入孔圆形，周围堆积1圈白色松脂。一般1头成虫至少危害10个松梢，4月下旬至5月上旬离开嫩梢，侵入衰弱树及林中贮放原木。雌虫先侵入并构筑交尾室，后雄虫进入交尾。卵密集产于母坑道两侧，每雌虫平均产卵79粒，最多140粒。5月卵孵化，幼虫期15~20d。坑道为单纵坑，筑于树皮内，微触及边材。母坑道一般5~6cm，最长14cm，子坑道在母坑道两侧，10~15条，与母坑道略垂直。6月化蛹，7月新成虫出现并侵入健康木危害，10月开始下树集中于松树基部做盲孔或侵入风倒、风折木越冬。

**防治方法**　①加强检疫，严禁虫源木调运。②加强营林管理，及时清理虫害木。③早春成虫出蛰前，采用活立木密闭熏蒸，熏杀成虫。具体方法参照红脂大小蠹防治方法第③项。④初春成虫扬飞前按1~2根诱木/800m²诱杀成虫。⑤成虫扬飞前悬挂诱捕器3~15个/hm²诱捕雄成虫。

被害状

成虫及被害状

被害状

蛀道

蛀道

幼虫

羽化

蛹

## 77 落叶松八齿小蠹

| | |
|---|---|
| **学　　名** | *Ips subelongatus*（Motschulsky） |
| **分类地位** | 鞘翅目（Coleoptera）象甲科（Curculionidae） |

**形态特征**　成虫：长圆柱形，体长4.4~6mm，黑褐色，有光泽。鞘翅长为前胸的1.4倍，鞘翅端部1/4处具斜面，端部凹面两侧各具4齿，其中第3齿最大，第2、3齿间距较大。

卵：椭圆形，长约1mm，乳白色，微透明，有光泽。

幼虫：老熟幼虫椭圆形，体长4.2~6.5mm，乳白色，体弯曲多褶皱，被有刚毛，额三角形。

蛹：长4.1~6mm，乳白色，第9腹节末端有2个刺状突起。

**寄　　主**　落叶松、红松、赤松、樟子松、红皮云杉和鱼鳞云杉等。

**分　　布**　辽宁、黑龙江、吉林、内蒙古、山西、新疆、山东、浙江、云南等地。辽宁省内分布于抚顺、铁岭等地。

**发生规律**　1年发生2代，主要以成虫在枯枝落叶层、伐根及原木树皮下越冬，少数以幼虫、蛹在寄主树皮下越冬。5月下旬春季世代越冬成虫开始出蛰、交尾、产卵，6月上旬开始孵化，下旬化蛹，7月上旬最早见到第1代新成虫。新成虫7月上中旬补充营养后，7月下旬继续扬飞、筑坑、交尾、产卵，8月上旬开始孵化，下旬化蛹，9月上旬出现第2代新成虫。6月下旬从原坑道中飞出的部分越冬雌虫为姊妹世代，取食后再次入侵、筑坑、产卵。7月上旬开始孵化，下旬化蛹，8月上旬即见到姊妹世代的新成虫。幼虫在树干韧皮部取食，坑道为复纵坑，多呈倒"Y"字形。

**防治方法**　①加强检疫，严禁虫源木调运。②加强营林管理，营造混交林。及时清除虫害木等。③4月上中旬选择带新鲜树皮的风倒木作饵木，放置在林缘或林中空地，引诱成虫产卵。④喷施5%氯氰菊酯乳油1500倍或20%杀灭菊酯乳油2000倍液。⑤保护和利用步行虫、寄生蜂、啄木鸟等天敌。⑥悬挂诱捕器1个/hm$^2$监测和诱杀成虫。

被害状 新羽化成虫 成虫

成虫

幼虫 蛹

蛹 羽化孔

## 78 白蜡窄吉丁

| | |
|---|---|
| **学　　名** | *Agrilus planipennis* Fairmaire |
| **别　　名** | 花曲柳窄吉丁、梣小吉丁 |
| **分类地位** | 鞘翅目（Coleoptera）吉丁虫科（Buprestidae） |
| **形态特征** | 成虫：雌虫体长9~13mm，宽2.4~3.2mm；雄虫体长8.5~11.6mm，宽2~3mm。楔形。鞘翅狭长，具铜绿色金属光泽。头扁平，头顶盾形。触角锯齿状11节。 |

**卵：** 扁圆形或扁椭圆形，馒头状，直径约0.6mm，米黄色。孵化前变黄褐色。

**幼虫：** 老熟幼虫体长15~20mm，乳白色，体扁平，带状，分节明显。头小，褐色，多缩于前胸内。前胸节膨大，中后胸较狭。腹节10节，末节有1对褐色锯齿状尾针。

**蛹：** 裸蛹，初化蛹时为乳白色，近羽化时变为铜绿色，体形大小似成虫，头尾之间微有弯曲，头部下倾于前胸。

| | |
|---|---|
| **寄　　主** | 大叶白蜡等。 |
| **分　　布** | 辽宁、黑龙江、吉林、内蒙古、北京、河北、山东、台湾等地。辽宁省内分布于大连、本溪、辽阳等地。 |
| **发生规律** | 1年发生1代，以幼虫在韧皮部与木质部之间或边材部的坑道内越冬。翌年4月上旬，幼虫活动蛀食危害，4月下旬化蛹，5月中旬末出现成虫。成虫钻出羽化孔后取食树叶补充营养，经7~10d交尾，再经7~9d产卵。卵产于树干和粗枝向阳面的皮缝处，每雌虫产卵68~90粒，卵单产，卵期5~9d，6月中旬开始孵化。雌虫寿命6~25d，雄虫寿命5~18d。成虫具有假死性。日照良好、尚未郁闭的林分危害严重。 |
| **防治方法** | ①利用成虫假死性，振落捕杀。②加强营林管理，清除受害木等，集中烧毁。③幼虫初孵期，10%甲维盐或吡虫啉原液向树干基部打孔注药，药量根据树木胸径增减，注入后用噻霉酮等杀菌剂和土制成的药泥封口。④成虫期喷施10%吡虫啉可湿性粉剂3000倍液。羽化盛期，向树冠喷施2%噻虫啉1500倍液、8%氯氰菊酯300~400倍液，或4.5%高效氯氰菊酯乳油1500~2000倍液。 |

被害状　　　　　　　　　　　羽化孔　　　　　　　　　　　坑道

成虫

幼虫

## 79 柳蝙蛾

**学　　名**　*Endoclita excrescens*（Butler）

**分类地位**　鳞翅目（Lepidoptera）蝙蝠蛾科（Hepialidae）

**形态特征**　成虫：体长35～44mm，翅展66～70mm，体色变化较大，多为茶褐色。刚羽化绿褐色，渐变粉褐，后茶褐色。触角短，线状。前后翅脉相同。前翅较大，后翅较小。前翅前缘有7个环状纹，中央有1个褐色微暗绿三角斑纹，外缘有由并列的模糊弧形斑组成的宽横带，后翅暗褐色。雄蛾后足腿节背侧密生橙黄色刷状毛，雌蛾则无。

卵：球形，直径约0.7mm，初期为乳白色，后变为黑色，有光泽。

幼虫：老熟幼虫圆筒状，体长44～57mm，黄白色或污白色，头部深褐色，各体节有毛片状黄褐色瘤突。

蛹：圆筒形，黄褐色。

**寄　　主**　杨树、柳树、榆树、刺槐、银杏、板栗、桦树等多种林木。

**分　　布**　辽宁、黑龙江、吉林、内蒙古、北京、河北、山西、陕西、山东、河南、安徽、四川、台湾等地。辽宁省内分布于沈阳、抚顺、本溪、锦州、阜新、辽阳、铁岭、葫芦岛等地。

**发生规律**　以1年发生1代为主，少数1年发生2代，以卵在地面越冬，或以幼虫在树干基部和胸高处的髓部越冬。以幼虫越冬的，翌年4月中下旬越冬幼虫开始危害至7月下旬。7月下旬至8月上旬幼虫停止进食后，于近虫道口2cm处吐丝结白膜封闭虫道，开始化蛹。8月上旬开始羽化，8月中旬为羽化盛期。以卵越冬的，翌年5月中下旬越冬卵开始孵化。幼虫先取食杂草，6月上旬转食嫩枝，7月下旬转移至大树上蛀成坑道，8月中旬化蛹，蛹期17～39d，8月下旬开始羽化至10月上旬。成虫昼伏夜出。每雌蛾产卵680～3000粒，最多可达8000粒，卵单产。

**防治方法**　①加强检疫，严禁虫源木调运。②搂树盘并铲除杂草，破坏卵越冬场所。③用磷化铝片或磷化铝毒签堵住虫孔。④4—5月，向树冠地面及树干基部喷施10%氯氰菊酯2000倍液等菊酯类药剂。

羽化成虫及被害状

成虫

卵

粪屑包

幼虫

蛹

## 80 白杨透翅蛾

| | | |
|---|---|---|
| 学　名 | *Paranthrene tabaniformis*（Rottemburg） |
| 别　名 | 杨透翅蛾、白杨准透翅蛾 |
| 分类地位 | 鳞翅目（Lepidoptera）透翅蛾科（Sesiidae） |

**形态特征**　成虫：体长11~20mm，翅展22~38mm，青黑色。触角近棒状，尖端弯曲。头、胸部之间有一橙黄色鳞片围绕。中、后胸肩板各有2处黄色鳞片。前翅狭长，后翅扇形，翅大部分透明。雌蛾腹部第2、4、6节前缘橙黄色，腹末有一簇黄褐色鳞毛；雄蛾第2、4、6、7节前缘橙黄色，腹末覆盖黑色鳞毛。

卵：椭圆形，长0.6~0.95mm，黑色，表面微凹入，精孔黑色。

幼虫：老熟幼虫体长约30mm，乳白色，臀节背面有2个深褐色略向上翘起的刺，腹足趾钩排列二横带式，臀足横带式。

蛹：近纺锤形，长约20mm，褐色，腹部2~7节背面各有横列倒刺2排，9~10节背面有横列倒刺1排，腹末有14个臀棘，肛门两侧有2刺。

**寄　主**　杨、柳。

**分　布**　辽宁、黑龙江、吉林、内蒙古、北京、河北、山西、陕西、甘肃、宁夏、新疆、江苏、上海、浙江、安徽、江西、福建、河南、湖北、湖南、广东、四川等地。辽宁省内分布于沈阳、丹东、锦州、营口、阜新、盘锦、朝阳、葫芦岛等地。

**发生规律**　1年发生1代，以幼虫在被害枝内越冬。翌年4月中下旬越冬幼虫开始活动，5月上旬化蛹，5月下旬开始羽化，羽化当天成虫即交尾产卵。卵多产于幼树的叶腋、叶柄基部、树皮裂缝等处，卵期8~10d。6月上旬孵化出幼虫，直接侵入枝干内，在木质部和韧皮部之间蛀虫道危害，枝干被害处形成瘤状虫瘿，易风折。成虫羽化时将蛹壳留在虫瘿羽化孔外面，这一特征区别于青杨天牛的瘤状虫瘿。

**防治方法**　①加强检疫，严禁虫源木调运。②冬季幼虫休眠时剪除虫瘿烧毁；幼虫初蛀入时，及时剪除被害枝条。③4月中下旬，在虫瘿上部2~3cm处钻孔，用磷化铝颗粒剂堵孔，孔外堵塞黏泥。④树干、枝上涂抹溴氰菊酯泥浆（2.5%溴氰菊酯1份、黄黏土5~10份，水和泥浆）毒杀初孵幼虫。⑤成虫羽化盛期喷施2.5%溴氰菊酯4000倍液。⑥悬挂性信息素诱捕器诱捕雄成虫。

被害状　　　　　　　　雌成虫　　　　　　　　雄成虫

卵　　　　　　　　　　　　　　　　幼虫

幼虫

蛹　　　　　　　　　　　　　　　羽化孔

## 81　杨干透翅蛾

| | |
|---|---|
| 学　　名 | *Secia siningensis*（Hsu） |
| 别　　名 | 杨大透翅蛾 |
| 分类地位 | 鳞翅目（Lepidoptera）透翅蛾科（Sesiidae） |

**形态特征**　成虫：前翅狭长，后翅扇形，前、后翅均透明，缘毛深褐色。腹部具5条黄褐相间的环带。雌蛾触角棍棒状，端部尖而向后稍弯；腹部肥大，末端尖而向下弯曲，产卵器淡黄，稍伸出。雄蛾触角栉齿状，较平直；腹部瘦小，末端长有1束密集的褐色毛丛。

卵：长圆形，褐色，表面光滑，无光泽。

幼虫：圆筒形。初孵幼虫头黑色，体灰白色；老熟幼虫头深紫色，体黄白色。体表具有稀疏黄色细毛，臀足退化，臀板后方有1个深褐色细刺。

蛹：纺锤形，褐色，腹部第2～6节背面后缘有2排细刺，尾部具粗壮的臀棘10根。

**寄　　主**　杨、旱柳。

**分　　布**　辽宁、内蒙古、山东、山西、陕西、甘肃、宁夏、青海、云南、西藏等地。辽宁省内分布于沈阳、鞍山、锦州等地。

**发生规律**　3年发生1代，以当年孵化的幼虫在皮下或木质部内越冬。翌年春季越冬幼虫开始活动蛀食危害，至10月停止取食，第2次越冬。第3年春季再次进行危害。幼虫入侵后在树干内经过2年，危害时间长达22个月。成虫于5～20个月内分两批羽化，刚羽化后在树干静止一段时间开始交尾，有较强的飞翔能力，雌蛾产卵于大树基部树皮开裂处。

**防治方法**　①加强检疫，严禁虫源木调运。②加强营林管理，营造混交林，栽植抗虫性树种，及时清理虫害木。③幼虫期在树干基部打斜孔，涂抹溴氰菊酯泥浆（2.5%溴氰菊酯乳油1份，黄黏土5～10份，水和泥浆），毒杀幼虫。成虫期喷施2.5%溴氰菊酯4000倍液。④保护和利用啄木鸟、戴胜等天敌。⑤悬挂性信息素诱捕器诱捕雄成虫。

成虫

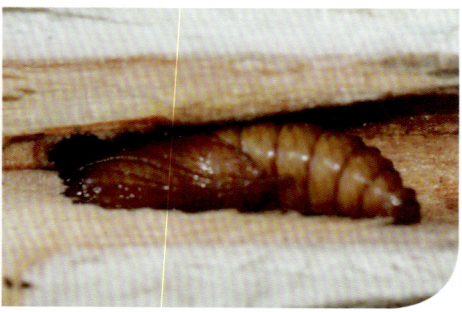

被害状

蛹

## 82 东方木蠹蛾

| | |
|---|---|
| **学　　名** | *Cossus orientalis* Gaede |
| **分类地位** | 鳞翅目（Lepidoptera）木蠹蛾科（Cossidae） |

**形态特征**　成虫：分为黄褐色和浅褐色两种色型。雌蛾体长28～41mm，雄蛾体长22～36mm，体灰褐色，粗壮。雌雄触角均为单栉齿状。翅基和胸背褐色，头顶毛丛和领片黄褐色，后胸有1条黑横带。前翅翅面布满龟裂状黑色横纹，外横线明显，自前缘伸向臀角与亚缘线相交。后翅浅灰褐色，中室白色、其余暗褐色，端半部具波状横纹，反面有1个大暗斑。

卵：近圆形，初产时白色，近孵化变为暗褐色，表面满布纵隆脊，脊间具刻纹。

幼虫：扁圆筒形，粗壮。老龄幼虫体长58～90mm，头黑色；前胸背板深黄色，上有"凸"字形黑斑，中间有1条白纹；腹部背面紫红色，略带光泽，腹面桃红色。

蛹：长26～45mm，向腹面略弯曲，红棕色至黑棕色。腹部背面有2行刺列，雌蛹在第2～6节，雄蛹在第2～7节，其后各节仅具前刺列，后刺列细小，不达气门。

茧：肾形，内壁光滑。

**寄　　主**　杨、柳、榆、槐树、白蜡、栎、核桃、苹果、梨、桃、香椿、沙棘、槭等多种阔叶树。

**分　　布**　辽宁、黑龙江、吉林、内蒙古、北京、天津、河北、山西、陕西、甘肃、青海、宁夏、山东、河南等地。辽宁省内分布于营口、辽阳等地。

**发生规律**　2年发生1代，第1年以当年幼虫在被害树干内越冬，第2年以老熟幼虫在被害树干附近的土壤内越冬。翌年4月下旬至9月中下旬为幼虫危害盛期。幼虫蛀食木质部，破坏输导功能，造成树干、树枝枯死，遇风易折断。5月下旬至6月上旬为羽化期。羽化后即交尾产卵，卵多产于树冠干枝基部的树皮裂缝及旧蛀口处。每雌蛾产卵约580粒，卵期13～21d。成虫具有趋光性。一般危害衰弱木和大树，造成树势衰弱甚至枯死。对行道树危害严重。

**防治方法**　①加强营林管理，增强树势，及时清除被害枝干和枯死木。②利用幼虫聚集越冬习性，捕杀老熟幼虫和蛹。③利用灯光诱杀成虫。④卵期和幼虫初孵期，向树干喷施20%杀灭菊酯3000倍液；老熟幼虫下树越冬期，向被害树木根际喷施20%杀灭菊酯500倍液；或用磷化铝颗粒堵住虫孔，孔外堵塞黏泥。⑤幼虫期喷施1亿～8亿孢子/mL白僵菌液，也可用白僵菌黏膏涂在幼虫排粪孔或对蛀孔喷注$5×10^8$～$5×10^9$孢子/mL白僵菌液。⑥保护和利用啄木鸟等天敌。

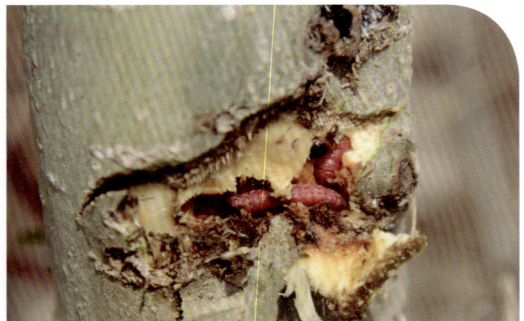

被害状 幼虫及被害状

成虫 成虫头部前面观

成虫 幼虫头胸部背面观

幼虫

## 83 蒙古木蠹蛾

**学　　名**　*Cryptoholcocerus mongolicus*（Erschoff）

**分类地位**　鳞翅目（Lepidoptera）木蠹蛾科（Cossidae）

**形态特征**　成虫：雌蛾体长30~40mm，翅展67~73mm；雄蛾体长27~32mm，翅展49~56mm。体及前翅灰褐色，雄性色较暗。触角紫色，栉齿状。胸、腹部粗壮多毛。前翅散布许多黑褐色横纹。中足胫节距1对，后足胫节距2对。

卵：椭圆形，长约1.3mm，宽约0.8mm，灰褐色。表面布满黑色纵纹，并有横隔。

幼虫：老熟幼虫体长56~70mm。初龄体粉红色，老熟时背部为淡紫红色，体侧较背部色稍淡，腹面为黄色或淡红色。头部黑色，明显小于胸部。前胸背板深黄色，上有一凸字形黑纹。足淡黄色，臀足有钩状附属器。

蛹：长38~45mm，褐色，稍向腹面弯曲。第2~6腹节背面各具2排刺列，前列刺较粗，第7~9节仅有前刺列。

茧：长50~70mm，土褐色。

**寄　　主**　杨、柳、榆、刺槐等。

**分　　布**　辽宁、吉林、河北、北京、山东及陕西等地。辽宁省内分布于沈阳、锦州、营口、辽阳、盘锦等地。

**发生规律**　2年发生1代，第1年以当年幼虫在坑道末端越冬，第2年以老熟幼虫在树干附近的枯枝落叶、杂草灌木丛生的土壤里结茧越冬，土层深度达7~20cm。幼虫越冬后，于第3年5月上旬在原越冬处化蛹，蛹期18~26d。5月下旬开始羽化成虫出土。羽化时蛹体约穿出地面一半，成虫爬出后，蛹壳仍留于地面上。成虫趋光性较强，一般羽化后1~2d开始产卵，卵多产于幼龄、壮龄树主干处或主干分叉以上粗枝的树皮裂缝内。初孵幼虫由伤口、剪口、树皮缝侵入，首先取食韧皮部和边材，或在树干、粗枝或树木根际处寻找旧虫孔侵入，侵入后即取食原坑道口附近的木质部。

**防治方法**　①成虫产卵前，树干胸高以下刷涂白剂。②剪除带虫枝条，集中烧毁。③成虫羽化盛期或越冬成虫出蛰盛期，喷施2.5%溴氰菊酯乳油1000倍液。④保护和利用啄木鸟等天敌。

被害状

雌成虫

雄成虫

幼虫

## 84 沙棘木蠹蛾

**学　名** *Eogystia hippophaecolus*（Hua, Chou, Fang et Chen）

**分类地位** 鳞翅目（Lepidoptera）木蠹蛾科（Cossidae）

**形态特征** 成虫：雌蛾体长37mm，雄蛾体长19～22mm，体灰褐色。触角丝状，复眼黑色。前胸背面有"⌒"形黑色毛带，与后缘的"一"形白色毛片相连，其余均为黑白毛相间。前翅灰褐色，前缘至中脉，翅基至翅2/3处黑褐色，翅面布满黑色条纹，中室末端有1个小白斑，亚外缘线黑色、明显。后翅浅灰色，无明显条纹。

卵：近圆形，长约2mm，初产时白色，后变为暗黑色。

幼虫：老熟幼虫体长50～55mm，体背紫红色，腹面黄白色，每节有淡红纹。头部深黑色，前胸背板具近半圆形大黄褐斑。前、中、后胸足橙黄色。腹足退化，仅存足掌和趾钩，趾钩三序环，臀足双序中带式。

蛹：长筒形，长约30mm，宽约10mm，赤褐色。

**寄　主** 沙棘。

**分　布** 辽宁、甘肃、宁夏、陕西等地。辽宁省内分布于阜新、朝阳等地。

**发生规律** 4年发生1代，世代重叠，以幼虫在被害沙棘根部的蛀道中越冬。5月上旬老熟幼虫开始爬出蛀孔，在树干周围15cm深土中做薄茧化蛹，蛹期26～37d，平均31d。6月上旬开始羽化、交尾、产卵，10月下旬幼虫越冬。成虫具较强趋光性，飞行迅速，雌蛾寿命3～8d，雄蛾寿命2～8d。羽化多集中在16:00—19:00，交尾集中在20:00—24:00，交尾高峰在21:30左右。雌蛾昼夜均可产卵，以夜间居多，产卵高峰在交配后第2天20:30—22:00，卵分散产于树干基部树皮裂缝和靠近根基土中，成块堆积，每块15～186粒，每雌蛾产卵约500粒，卵期约25d。幼虫孵化后钻入树皮，并向下蛀食，第2年可钻入心材危害，并将木屑、虫粪从侵入孔排出。4年生以上，特别是8年生以上的成熟和过熟沙棘林受害严重。

**防治方法** ①加强营林管理，营造以沙棘为主的块状混交林。②6—8月，利用灯光诱杀成虫。③幼虫期喷施$1 \times 10^8$个/mL白僵菌悬浮液；排粪孔内注射高效氯氰菊酯5倍稀释液10mL。④悬挂沙棘木蠹蛾诱捕器诱捕雄成虫。

成虫

幼虫及被害状

幼虫及被害状

蛹

## 85　松树蜂

| | |
|---|---|
| **学　名** | *Sirex noctilio* Fabricius |
| **分类地位** | 膜翅目（Hymenoptera）树蜂科（Siricidae） |

**形态特征**　成虫：体圆柱形，粗壮，2对膜翅，翅脉简单；触角黑色，腹末尖状，个体大小差异较大。雌成虫体长10～44mm，黑色，具蓝色金属光泽，足红褐色，仅末跗节黑色；产卵器针状，约为体长的1/3，休止时置于产卵鞘内；产卵器腹面具刻点，腹面中部刻点间距近等于刻点自身直径。雄成虫体长9～35mm，稍小于雌成虫；头、胸部具蓝色金属光泽，后足粗大、黑色；腹部基部和端部黑色，中部橘黄色，后足粗大、黑色。

卵：梭形，长1.0～1.5mm，中间乳白色，两端透明。

幼虫：乳白色至淡黄色，胸足短小，腹末有一明显深褐色硬刺。

蛹：圆柱形，乳白色，随发育成熟逐渐变为成虫的颜色。

**寄　主**　樟子松、油松。

**分　布**　辽宁、黑龙江、吉林、内蒙古等地。辽宁省内分布于沈阳等地。

**发生规律**　1年发生1代，以2或3龄幼虫在树干内越冬。7—9月为羽化期，8月中下旬为羽化盛期。卵产于树皮下约1cm处。幼虫一般发育到6龄，幼虫期约9个月，老熟幼虫在距树皮2～3cm处化蛹，蛹期3～4周。以幼虫钻蛀寄主树木危害，成虫产卵时将体内昆虫毒素和共生菌注入寄主，也造成危害。

**防治方法**　①加强营林管理，选育抗虫树种，营造混交林。及时清除林内被害木和衰弱木。②设置饵木诱集成虫产卵，待幼虫孵化盛期及时剥皮处理。③成虫羽化盛期向树干喷施2.5%溴氰菊酯乳油5000倍液。④保护和利用褐斑马尾姬蜂、螳螂、蜘蛛、伯劳、灰喜鹊等天敌。

被害状 羽化孔

成虫

幼虫 蛹

# 五、球果种实害虫

## 86 榛实象

**学　　名** *Curculio dieckmanni*（Faust）

**别　　名** 榛象

**分类地位** 鞘翅目（Coleoptera）象甲科（Curculionidae）

**形态特征** 成虫：菱形，体长7.5~8mm，黑色，被有褐色细毛和鳞毛。头管细长，约为前胸长的3倍，略向下弯曲。雌成虫触角着生在头管中部两侧，雄成虫触角着生在头管中部向前。鞘翅覆有黄色鳞片，形成小斑，小盾片方形，上密布黄白色鳞片。

卵：长椭圆形，长0.8~1.2mm，乳白色，光滑。

幼虫：老熟幼虫体长8~13mm，头黑色，胸、腹乳白色，疏生黄色细毛，前胸背板宽大，体弯曲半月形，无足。

蛹：椭圆形，长7.5~8.5mm，黄褐色，背密生黄色细毛，头顶具乳突1对，臀节末端具刺突1对。

**分　　布** 辽宁、黑龙江、吉林、河北、陕西、青海等地。辽宁省内分布于大连、鞍山、抚顺、本溪、丹东、辽阳、铁岭等地。

**寄　　主** 榛子、毛榛、栎树。

**发生规律** 2年发生1代，少数3年发生1代，以老熟幼虫、成虫在土中越冬。5月上旬越冬成虫开始在枯枝落叶层下活动，5月中旬上树活动。成虫取食嫩芽、嫩枝，使嫩叶呈针孔状、嫩芽残缺不全、嫩枝折断，5月下旬为成虫危害盛期。6月中下旬为榛子幼果发育期，成虫开始交尾。6月下旬开始产卵于幼果内，7月上中旬为产卵盛期。7月上旬卵在榛果内孵化出幼虫，7月中下旬为孵化盛期。幼虫蛀入果实，将榛仁的一部分或全部吃掉，在果内排粪形成虫果，幼虫在果内取食1个月左右则发育成老熟幼虫。8月上旬，老熟幼虫随榛果落到地面，脱果后钻入土中20~30cm处做土室准备越冬。第3年7月上旬开始化蛹，7月中旬出现越冬代成虫，8月上中旬为羽化盛期，新羽化的成虫当年不出土，转入越冬状态。

**防治方法** ①利用成虫假死性捕捉成虫。②利用灯光诱杀成虫。③向树冠喷施20%溴氰菊酯乳油1000倍液、5%氟氯氰菊酯2000~3000倍液或2.5%氯氰菊酯2000倍液。

被害状

成虫

相似种榛卷叶象

幼虫

## 87　松果梢斑螟

| | |
|---|---|
| **学　　名** | *Dioryctria pryeri* Ragonot |
| **别　　名** | 果梢斑螟、油松球果螟。 |
| **分类地位** | 鳞翅目（Lepidoptera）螟蛾科（Pyralidae） |

**形态特征**　成虫：体长10～13.5mm，翅展19.5～28mm。雄蛾比雌蛾略小。前翅红褐色，翅基部有一灰白色短横线，内外横线为明显的灰白色波状纹，中室端有一较小而不明显的半月形灰白斑。后翅宽大，浅灰色。

卵：近椭圆形，长径约0.8mm，短径约0.6mm，初产卵乳白色，渐变樱红色。

幼虫：老熟幼虫体长15～22mm。初孵幼虫为红褐色，后逐渐变为灰白色、黑褐色到黑色。头部红褐色，前胸背板和臀板为黄褐色，胸腹部为亮黑色。毛片不明显，刚毛较长。

蛹：纺锤形，长10～15.5mm，初为黄褐色，后变深褐色，羽化前为黑褐色。头顶和腹端圆钝光滑，腹端具钩状臀棘6枚，距离几乎相等，呈扇状左右对称排列。

**分　　布**　辽宁、黑龙江、吉林、内蒙古、北京、河北、山西、河南、陕西、甘肃、青海、新疆、山东、江苏、浙江、安徽、四川、台湾等。辽宁省分布于抚顺等地。

**寄　　主**　油松、樟子松、赤松、红松等。

**发生规律**　1年发生1代，以初孵幼虫在枝干翘皮下结网过冬。翌年5月，越冬幼虫破网而出，多数先蛀入雄花序，后蛀入嫩梢和2年生球果，有少量不经过雄花而直达嫩梢和1年生球果上蛀食。随虫体长大，幼虫由细小嫩梢转移到粗大嫩梢上危害，后期则多转入大球果中蛀食危害。被害梢变枯黄，极易风折，被害球果则停止生长，渐变褐色。被害梢及球果上的蛀孔处幼虫常连结松脂形成被膜，以隐蔽躯体。蛀孔大而圆，孔外常粘连褐色粒状虫粪。6月中旬至7月下旬为化蛹期，蛹期约13d。6月下旬至8月上旬为羽化期，羽化几日后即交尾产卵。卵多产于树干及粗枝的树皮上及皮缝里，少数产于干球果鳞片和松针上，散产或2～3粒一堆。每雌虫产卵约40粒，卵期6～8d。成虫产卵期长达80d之久，因此生活史很不整齐。该虫1年有2次扬飞高峰期，分别在4月末至5月初和5月中旬，以第1次扬飞的数量最多。该虫喜温喜光，因此林缘和林间空地发生重于林内。

**防治方法**　①加强营林管理，营造混交林。②及时清除被害果和被害梢。③利用灯光诱杀成虫。④初龄幼虫期喷施2.5%的溴氰菊酯1000～2000倍液（加入10%农药长效缓释剂）、阿维烟剂1%乳油225mL/hm²。⑤保护和利用天敌。

被害状

被害状

成虫

幼虫　　　　　　　　　松果梢斑螟和近缘种微红梢斑螟

蛹

蛹

蛹壳

蛹臀棘

# 第二部分

# 病害

Trees Diseases

## 1　松材线虫病

**学　　名**　*Bursaphelenchus xylophilus*（Steiner et Buhrer）Nickle

**感病症状**　松材线虫是我国目前危害松科植物的入侵物种之一。松材线虫侵染松树后，其症状发展过程分为4个阶段：第1阶段松树没有明显的外部形态学变化，但是内部减少甚至停止树脂的分泌，进而导致蒸腾作用的下降；第2阶段树脂停止分泌，针叶开始变色，一般情况下可以观察到树体有天牛侵害或产卵的痕迹；第3阶段大部分针叶出现萎蔫症状，并逐步变为黄褐色，树体可见天牛侵入孔；第4阶段针叶全部变为黄褐色、红褐色，但不脱落，树体干枯死亡。

**寄　　主**　黑松、马尾松、琉球松、赤松、白皮松、湿地松、黄山松、思茅松、火炬松、油松、云南松、华山松、红松、樟子松以及落叶松（长白落叶松、日本落叶松、华北落叶松）等松科植物。

**分　　布**　华中、华东、华南、西南大部分区域，西北、东北局部区域。辽宁省内分布于沈阳、大连、抚顺、本溪、丹东、辽阳、铁岭等地。

**生物学特性**　病原线虫主要通过松墨天牛、云杉花墨天牛等媒介昆虫补充营养时造成的伤口进入木质部，每只天牛可携带几千至几万条线虫。松材线虫在树脂道中大量繁殖，同时在松树体内移动，逐渐遍及全株，破坏树脂道薄壁细胞和上皮细胞，造成植株失水，蒸腾作用降低，树脂分泌急剧减少和停止。松树感染松材线虫后，针叶萎蔫陆续变为黄褐色乃至红褐色，最后整株枯死。松材线虫幼虫4龄。雌、雄成虫交尾后产卵，一般12d完成1代，由卵孵化的幼虫在卵内即蜕皮1次，孵出的幼虫为2龄幼虫，再经3次蜕皮发育为成虫，成虫形成后1d之内即可产卵，每雌虫可产卵100多粒。

**防治方法**　①加强检疫。疫区内松材及其制品一律严禁外运。②伐除和处理被害木。媒介昆虫越冬期，采用择伐、皆伐方式伐除病死、濒死疫木，对伐下的松木及超过1cm枝丫进行粉粹、烧毁、旋切处理。采取钢丝网罩、剥皮、覆膜施药等方式处理伐桩。③松墨天牛或云杉花墨天牛成虫羽化期设置诱捕器，或在林间选择衰弱木作为诱木，引诱媒介昆虫成虫在诱木上产卵，并对诱木进行处理。④天牛低龄幼虫期向树干喷施虫线清乳油80倍液。天牛羽化后补充营养期间，向树冠喷施2%噻虫啉微胶囊粉剂或8%氯氰菊酯微悬浮剂等药剂。⑤早春树液流通前，对重点保护树木进行树干基部打孔，注入甲维盐、阿维菌素等药剂。⑥保护和利用花绒寄甲等天敌。

红松被害状

华山松被害状

油松被害状

## 2 落叶松落叶病

**学　名** *Mycodiella laricis–leptolepidis*（Kaz. Itô, K. Satô & N. Ota）Crous
（=*Mycosphaerella laricis–leptolepidis* Kaz. Itô, K. Satô & N. Ota）

**感病症状** 7月上旬，针叶端部或近中部出现褪绿斑，渐变棕褐色，斑上产生小黑点。后期病斑相连形成段斑，叶呈棕褐色，严重时，整个树冠呈红褐色。针叶发病由树冠下部逐渐向上蔓延。8月中旬后，感病落叶松提早落叶，严重时针叶全部落光，可见树木枝梢光秃。

**寄　主** 落叶松。

**分　布** 辽宁、吉林、黑龙江、内蒙古、河北、山东、甘肃等。辽宁省内分布于丹东、抚顺、本溪、鞍山、辽阳、铁岭等地。

**发病规律** 病原菌以菌丝和未成熟的子囊果在落地病叶内越冬。翌春5—6月发育产生子囊孢子，7月是孢子飞散盛期，孢子借气流扩散。气温在20℃左右、湿度大和降雨多的年份发病重，5～20年生的林分发病重。病害发生与落叶松的品种有关，长白落叶松、兴安落叶松易感病，日本落叶松抗病性较强，不易感病。

**防治方法** ①加强营林管理。选择抗性品种，营造混交林；抚育间伐，提高林分质量，增强树势和抗性。春秋季可火烧（可控条件下）地面枯落物，清除侵染源。②发病期，施放五氯酚钠15kg/hm²或百菌清杀菌烟剂，或喷施45%的代森锌可湿性粉剂200倍液，每7～10d防治1次，连续2～3次。

片林被害状

枝条被害状

## 3 落叶松枯梢病

**学　　名** *Neofusicoccum laricinum*（Sawada）Y. Hattori & C. Nakash.
（ =*Botryosphaeria laricina*（Sawada）Y. Z. Shang）

**感病症状** 感病时间不同，表现症状不同。春季被侵染的，新梢未木质化，可见新梢由浅绿变成褐紫色，嫩茎受害处缢缩，并流出松脂，病梢顶端下垂呈倒钩状，病叶呈褐色枯萎，经久不落至翌年春季。当年8月被侵染的，新梢已木质化，发病梢不下垂，呈直立状，病叶全部脱落。连续几年发病后树冠变形，呈扫帚状，高生长和茎生长几乎停止，严重时整株死亡。

**分　　布** 辽宁、吉林、黑龙江、山东、内蒙古、四川等地。辽宁省内分布于大连、抚顺、本溪、丹东、锦州、营口、辽阳等地。

**寄　　主** 长白落叶松、兴安落叶松、华北落叶松和日本落叶松。

**发病规律** 病原菌以子座和分生孢子器在发病新梢和落地病叶上越冬。翌年春季发育释放的子囊孢子和分生孢子都能侵染，孢子借风力远处传播，侵染带伤新梢。6—8月为孢子飞散期，6月下旬至7月中下旬为飞散盛期。6—9月为发病期，8月中旬至9月上旬症状最为明显。该病害主要危害1~35年生落叶松人工林的当年新梢，以6~15年生林分发病最重，连年发病后树木停止生长，导致整株死亡。

**防治方法** ①严格苗木检疫。②加强营林管理，营造针阔混交林，及时伐除病株，集中烧毁。③6月下旬至8月下旬，喷施放线菌酮3mg/L或有机锡剂（TPTA）150mg/L的混合液（每10L药液加6mL展着剂），每15d防治1次，连续2~3次。

片林被害状

单株被害状早期

单株被害状晚期

弯钩型被害状早期

弯钩型被害状晚期

直立型被害状

## 4 红松落针病

**学　　名**　*Lophodermium maximum* B.Z.He. et Yang

**感病症状**　感病初期，感病针叶上产生很小的黄色斑点或段斑，至晚秋黄色段斑扩展延长，个别针叶全部枯黄，翌年春季感病针叶全部脱落。夏季在落地病叶上可见灰色、长椭圆形斑点（子囊盘），单生或连生。成熟的子囊盘中间产生纵裂缝，降雨或湿润时裂缝中央区域具油漆光泽。有的感病针叶枯死不脱落，其上产生子实体，有的感病针叶仅上部枯死，下部保持绿色，其上产生子实体。

**寄　　主**　红松、华山松。

**分　　布**　辽宁、吉林、陕西、甘肃等地。辽宁省内分布于抚顺、本溪、丹东和铁岭等地。

**发病规律**　病原菌以菌丝或未成熟的子囊盘在落地的针叶上越冬。翌年春季条件适宜时，子囊盘发育成熟并陆续产生子囊孢子。在雨天或潮湿条件下，子囊孢子自子囊中放射出来借气流传播，从针叶的气孔侵入寄主危害。每年6月上旬至8月下旬为孢子飞散期，7月为飞散盛期。

**防治方法**　①加强营林管理，营造混交林。抚育间伐，提高林分质量，增强树势和抗性。清理落地病叶，集中烧毁。②孢子飞散前7~10d，喷施45%代森铵水剂200倍液；孢子飞散间喷施45%代森锌可湿性粉剂500倍液，每7d防治1次，连续3次。

片林被害状

片林被害状

片林被害状

枝条被害状

## 5 　红松疱锈病

**学　　名**　*Cronartium ribicola* Fischer

**感病症状**　感病初期针叶出现褪绿斑点，后逐渐变为红褐色，枝干皮部微肿，逐渐扩展，秋季（8—9月）病皮部裂缝处出现病菌性孢子，泪滴状，初为乳白色，后变为橘黄色并具有甜味，因此有"蜜滴"之称。9月初为蜜滴出现盛期。翌年4—5月在松树上一年发病部位长出橘黄色疱囊，囊破裂散放出黄色粉状物。因连年发病皮部加厚粗糙，流出松脂。

**寄　　主**　红松、华山松、新疆五针松、乔松、偃松等。

**分　　布**　辽宁、吉林、黑龙江等地。辽宁省内分布于抚顺、本溪和丹东等地。

**发病规律**　病原菌以冬孢子堆在转主寄主上越冬，转主寄主为茶藨子或马先蒿等。夏季病原菌在转主寄主上产生夏孢子堆，秋季产生冬孢子堆。7月下旬至9月，转主寄主上的冬孢子成熟后不经过休眠即萌发产生担子和担孢子。担孢子借风传播，接触到松针后萌发产生芽管，大多数芽管由针叶气孔、少数从韧皮部直接侵入松针。侵入后15d左右即在针叶上出现褪色斑点，叶肉中产生初生菌丝并越冬。翌年春季初生菌丝随气温升高生长蔓延，由针叶逐步扩展到细枝、侧枝直至主干皮层。

**防治方法**　①严格苗木检疫。②加强营林管理，抚育间伐，及时伐除病株，集中烧毁。③除草剂灭除苗圃及其周围500m以内的马先蒿等转主寄主，或对1～3年生幼苗喷施1∶1∶20的波尔多液或300～500μL/L的敌菌灵乳剂。

被害状

被害状

被害状及孢子器

## 6　油松枯枝病

**学　　名**　*Cenangium ferruginosum* Fr. ex Fr.

**感病症状**　主要危害幼树枝干。感病初期，病干上部的针叶或部分小枝变成黄绿色或灰绿色，逐渐变成褐色至红褐色。针叶逐渐脱落，枝干因失水收缩起皱，针叶脱落处稍显膨大。小枝表现枯枝病状，易干枯死亡；侧枝皮层被病原菌侵染，逐渐向下弯曲；大枝或主干感病，病部常流松脂，发生溃疡呈烂皮状，病部一侧的侧枝条枯死，病部围绕树干1周后，整株枯死。

**寄　　主**　油松。

**分　　布**　国内油松分布区均有分布。辽宁省内分布于沈阳、本溪、丹东、大连、鞍山、营口、锦州、铁岭、葫芦岛等地。

**发病规律**　病原菌以菌丝体在病枝皮层内越冬。翌年1—3月针叶枯黄，3—4月病枝皮层内形成子囊盘，单生或数个成簇，5—6月子囊盘成熟，突破木栓层外露。7—8月子囊盘不断吸收水分散出子囊孢子。空气湿度大时，成熟的子囊盘张开呈盘状，为灰黄绿色；空气湿度小时，子囊盘收缩卷曲，随着空气湿度变化，子囊盘反复张开和卷曲，最后干瘪、脱落。孢子借风、雨等传播，由伤口侵入皮内。该病菌是一种弱寄生菌，当松树受到干旱、冻害、病虫害等导致生长衰弱时，病原菌大量侵染引起发病。

**防治方法**　①加强营林管理，营造针阔混交林。抚育间伐，及时伐除病株，集中烧毁。②发病初期喷施50%退菌特可湿性粉剂800倍液，或80%代森锰锌可湿性粉剂500倍液。每7～10d防治1次，连续2～3次。

被害状

子实体

## 7 樟子松衰退病

| | |
|---|---|
| **学　　名** | Pine decline disease |
| **感病症状** | 受害树木新梢或针叶枯黄，危害严重时整株、成片树木枯黄、枯死，新梢或针叶可见小黑粒——真菌子实体，经分离鉴定有枯梢病菌*Sphaeropsis sapinea*（Fr.）Dyko & B. Sutton（*Diplodia pinea*）、黑点枯针病*Truncatella* sp.等7种。 |
| **寄　　主** | 樟子松。 |
| **分　　布** | 辽宁、黑龙江、吉林、内蒙古等地。辽宁省内分布于沈阳、抚顺、锦州、阜新、铁岭等地。 |
| **发病规律** | 樟子松衰退病为多种因素综合作用引发的病害，20年生樟子松林开始逐渐发病，30年以上樟子松林尤为严重。由于年生长期增长，蒸发量加大；经营管理不当，土壤水分利用失衡；松沫蝉、松毛虫危害等原因导致树势衰弱，利于枯梢病菌等7种病原菌侵入，造成樟子松针叶和小枝枯死，严重时樟子松成片枯死。 |
| **防治方法** | ①加强营林管理，抚育间伐，提高林分质量，增强树势和抗性。伐除病株，集中烧毁。②在发生较轻林分、种子园、母树林，6—9月喷施50%多菌灵500倍液、45%代森锌500倍液或70%甲基托布津1000倍液。 |

片林被害状

## 8　杨树黑斑病

| | |
|---|---|
| **学　　名** | *Drepanopeziza brunnea*（Ellis & Everh.）Rossman & W.C. Allen<br>（=*Marssonina brunnea*（Ellis & Everh.）Magnus） |
| **感病症状** | 主要危害叶片。感病初期，叶背面出现针状凹陷发亮的病斑，约1mm，红褐色或黑褐色，略呈隆起状，而后叶正面出现褐色斑点，5~6d后病斑中间出现乳白色突起状小点，为病原菌的分生孢子堆。病斑逐渐扩大并连片成圆形大病斑，严重时整片叶片呈黑色，病叶提早2个月脱落。 |
| **分　　布** | 国内杨树栽培区。辽宁省内分布于沈阳、鞍山、锦州、阜新、辽阳、铁岭、朝阳、等地。 |
| **寄　　主** | 小叶杨、青杨、毛白杨等。 |
| **发病规律** | 病原菌以菌丝体、分生孢子盘和分生孢子在病落叶或1年生枝梢的病斑中越冬。越冬菌丝翌年4月初产生分生孢子，为初侵染源，潜伏期3~7d。分生孢子借风、雨、云、雾等传播。4月开始发病，6—8月为发病盛期，10月停止发病。当出现持续1周以上的高温无雨干旱天气，病害明显受到抑制；当出现降雨、温度下降时，病情迅速扩展，病害加重。 |
| **防治方法** | ①加强营林管理，选择抗性品种造林。抚育间伐，提高林分质量，增强树势和抗性。及时剪除病落叶、病枝，集中烧毁。②发病初期，喷施200倍波尔多液或85%代森锰锌250倍液。发病盛期，喷施40%多菌灵800倍液、25%百菌清600倍液。 |

叶片被害状

## 9　毛白杨锈病

| | |
|---|---|
| **学　名** | *Melampsora magnusiana* Wagner |
| **别　名** | 白杨叶锈病 |
| **感病症状** | 主要危害叶片、芽。春天杨树展叶期，染病冬芽提早萌动，形成黄色绣球花状病叶，受害严重病叶3周左右脱落。正常展叶的染病叶片先在叶背面出现橘黄色夏孢子堆，一段时间后，夏孢子堆相对处的叶正面出现夏孢子堆，严重时夏孢子堆可联合成大块，且叶背病菌部隆起。感病叶片提早脱落，严重时形成大型枯斑，甚至枯死。 |
| **寄　主** | 杨树。 |
| **分　布** | 广泛分布于我国白杨派树种栽植区。 |
| **发病规律** | 病原菌以菌丝在寄主冬芽或嫩梢中越冬。春季温度升高，冬芽开始活动，越冬菌丝形成大量夏孢子堆。受侵冬芽不能正常展叶，形成满覆夏孢子的绣球状畸形叶，为初侵染源。夏孢子萌发最低气温为7℃，最高气温为30℃，最适温度为15～20℃，因此，5—6月为第1个发病盛期，8月下旬后为第2个发病盛期。该病害主要危害1～5年生幼苗及幼树，10年以上大树基本不发病。 |
| **防治方法** | ①加强营林措施，选育抗性品种，营造混交林。及时剪除病芽、病枝，集中烧毁。②喷施25％粉锈宁可湿性粉剂800倍液。 |

片林被害状

叶片被害状

叶片被害状

夏孢子堆

## 10 青杨叶锈病

**学　　名**　*Melampsora laricis-populina* kaleb.

**别　　名**　杨树叶锈病、落叶松-杨锈病

**感病症状**　主要危害叶片。感病初期叶背面出现淡绿色斑点，病斑扩展形成橘黄色小疱，几天后小疱破裂散出黄粉堆（夏孢子），感病重的叶上布满黄粉，因此又称为黄粉病。8月末，叶正面开始出现铁锈状斑，渐变深（冬孢子堆）。严重时造成叶片枯死，提早脱落。

**分　　布**　辽宁、吉林、黑龙江、北京、内蒙古、河北、福建、云南等地。辽宁省内分布于沈阳、辽阳等地。

**寄　　主**　杨。

**发病规律**　病原菌以冬孢子在落叶中越冬。翌年4月上旬，冬孢子遇水或潮气萌发，产生担孢子，借气流传播到落叶松叶上，芽管由气孔侵入。经7~8d潜育后，在叶背面产生黄色锈孢子堆，6月上旬为落叶松发病盛期，叶片病斑相连成片，6月底逐渐干枯。锈孢子借气流传播到转主寄主杨树叶上萌发，由气孔侵入叶内，经7~14d潜育后，在叶正面产生黄绿色斑点，后在叶背形成黄色夏孢子堆。夏孢子可以反复多次侵染杨树。7—8月为杨树发病盛期。8月中旬以后，杨树病叶上形成冬孢子堆。幼嫩叶片易发病。

**防治方法**　①加强营林管理，抚育间伐；避免杨树和落叶松混交相邻交叉侵染。及时清除病芽，病落叶。②发病初期，喷施25%粉锈宁乳油800倍液、25%多菌灵可湿性粉剂500倍液或70%甲基托布津可湿性粉剂1000倍液。

叶片被害状

## 11　杨树黑星病

**学　　名**　*Venturia tremulae* Aderh.（=*Fusicladium tremulae* Frank）

**感病症状**　主要危害叶片，也危害新梢。感病初期叶背面散生圆形黑色霉斑，1~5mm。随后病斑上布满黑色霉层，即病原菌的分生孢子梗及分生孢子。病斑相对处的叶正面产生黑色或灰色枯死斑，周边有放射状细纹。病叶呈黄绿色，卷曲。严重时病斑相连，呈不规则形大斑，并不断向外蔓延到全叶。嫩梢感病生满黑霉并下垂。

**寄　　主**　杨树。

**分　　布**　辽宁、黑龙江、吉林、河北、内蒙古、山东、河南、陕西、四川、贵州、新疆等地。辽宁省各地。

**发病规律**　病原菌以分生孢子及菌丝在病落叶或病枝梢上越冬。翌年春季4—5月杨树展叶时，新产生的分生孢子借风雨传播侵染。6月初开始发病，7~8月为发病盛期。叶表皮下产生菌丝，孢子露出叶面，病原菌重复侵染发病，可持续到10月。树冠下部首先发病，逐渐向上部扩散。感病嫩枝枯萎、感病叶片变黑枯死，提早脱落，严重时造成整株死亡。苗木发病重于幼树。

**防治方法**　①严格苗木检疫。②加强营林管理，抚育间伐。秋末冬初清除病落叶、病枝，集中烧毁。③发病初期，喷施1：1：125波尔多液、0.3~0.5波美度石硫合剂或65%代森锌500倍液。

叶片被害状

叶片被害状

## 12 杨树烂皮病

**学　　名**　*Valsa sordida* Nits.

**别　　名**　杨树腐烂病

**感病症状**　主要危害主干、大枝及分杈处。感病初期出现不规则浅褐色水渍病斑，微隆起，组织腐烂变软，有褐色液体流出，液体有酒糟气味。病斑干缩下陷，病斑边缘明显，后期边缘开裂，病斑出现突起小黑点，为病原菌的分生孢子器，遇湿和雨后生出橘黄色卷丝，为病原菌的分生孢子角。感病皮层变褐色或暗褐色，组织糟烂，与木质部剥离。感病后期病斑上生出许多针头状黑色小突起。

**寄　　主**　杨、柳、榆及槭等。

**分　　布**　分布于辽宁、黑龙江、吉林、内蒙古、河北、河南、山东、山西、陕西、青海、新疆等地。辽宁省内分布于丹东等地。

**发病规律**　病原菌以子囊孢子、菌丝或分生孢子在病皮上越冬。4月开始发病，5—6月为第1次发病盛期，7月病势减缓，8—9月为第2次发病盛期，9月停止。分生孢子和子囊孢子借风、雨、昆虫等传播，多由伤口侵入。6~10℃有利于侵染，10~15℃有利于发病。该病原菌属弱寄生菌。冻害木、衰弱木易感病，病斑围树干1周病株枯死。

**防治方法**　①加强营林管理，向病部喷施选择抗性品种造林。②初冬在树干1.5m以下刷涂白剂，预防冻害。③发病初期，20%果复康15倍液、70%甲基托布津50倍液、5波美度石硫合剂、50%多菌灵100倍液或10%碱水等。发病盛期，发病部刮皮至木质部，刮皮范围大于病斑，涂腐必清后，涂以50~100mg/kg赤霉素，利于伤口愈合。范围发病较轻、病斑小于树干周皮1/3的，刮皮后喷施10%碱水。

片林被害状

流出褐色液体

后期树皮糟烂

粗皮杨上橘黄色卷丝——分生孢子角

## 13 杨树灰斑病

**学　　名**　*Sporocadus populinus*（Bres.）Orsenigo, Rodondi & B. Sutton
（=*Coryneum populinum* Bres.）

**感病症状**　主要危害杨树叶片、嫩梢。感病初期在叶片产生水渍状病斑，病斑一般因杨树品种不同而颜色不同，有绿褐色、灰绿色和锈褐色等。感病后期病斑呈灰白色，周边褐色，斑上产生黑绿色突起小点，有时连片，为病原菌的分生孢子盘。幼苗顶梢和幼嫩枝梢感病后，死亡变黑，失去支撑力而下垂，致使上部叶片全部死亡，病部风折后形成无顶苗。

**寄　　主**　小叶杨、银中杨等。

**分　　布**　国内杨树栽培区普遍分布。辽宁省内分布于沈阳、大连、鞍山、本溪、锦州、营口、铁岭、朝阳等地。

**发病规律**　病原菌以分生孢子器在落叶中越冬。翌年春季释放分生孢子，孢子借气、雨传播。每年7月开始发病，8月为发病盛期，10月停止。病害的发生与降雨、空气湿度有密切关系，一般高温高湿条件发病重。该病害危害幼苗及大树，以幼苗幼树危害为重，严重时叶片提早脱落，嫩梢枯顶。

**防治方法**　①加强营林管理。②发病期，向感病植株叶、梢喷施50%多菌灵可湿性粉剂400倍液、50%托布津可湿性粉剂500倍、10%百菌清油剂800倍液或1∶1∶125~170波尔多液，每10d防治1次。

叶片被害状

## 14 杨树花叶病毒

**学　　名**　*Poplar Mosaci Virus*（PopMV）

**感病症状**　主要危害叶片，出现花叶。感病初期，植株下部叶片出现点状褪绿，聚集为不规则少量枯黄色斑点。感病后期，由植株下部蔓延至中上部叶片，症状明显，叶片边缘褪色发焦，沿叶脉呈现星状或长条形红晕，叶脉透明，叶片上小支脉出现枯黄色线纹，叶面有枯黄色斑点。主脉和侧脉出现紫红色坏死斑，也称枯斑。叶片皱缩、变厚、变硬、变小，甚至畸形，提早落叶。叶柄出现紫红色或黑色坏死斑点，顶梢或嫩茎皮层破裂，严重时枝条变形，病叶较正常叶短1/2，幼苗高生长和茎生长受阻，分枝处产生枯枝，树木明显生长不良。

**分　　布**　辽宁、北京、天津、河北、江苏、山东、河南、湖北、湖南、四川、陕西、甘肃、青海等地。辽宁省内杨树栽培区。

**寄　　主**　杨树。

**发病规律**　带毒植株是病毒主要的越冬场所和初侵染源，当年感病植株是再侵染源。嫁接、根接和修枝是病毒传播的重要途径。该病害从春到秋均能发生，多在6—7月病害开始发生，8—9月病情发展较快，新梢增多的季节为发病盛期。不同树龄感病程度不同，苗期和幼树发病较重，大树发病轻。

**防治方法**　①严格苗木检疫。②加强营林管理，选择抗性品种育苗。③及时清除带毒病株，集中烧毁。④发病期向病株喷施0.1%~0.3%硫酸锌溶液0.75~2.25kg/hm$^2$。

叶片被害状

## 15　杨树水泡型溃疡病

**学　名**　*Neofusicoccum ribis*（Slippers, Crous & M.J. Wingf.）Crous, Slippers & A.J.L. Phillips

（ =*Botryosphaeria ribis* Grossenb. et Dugg. ）

**别　名**　杨树溃疡病

**感病症状**　主要危害主干和大枝。感病初期在光皮杨树枝干皮孔边缘出现1个约1cm的圆形或椭圆形灰色隆起小水泡，泡内含略带腥臭黏液，小泡可连成大泡。后期泡破裂流出黑褐色液体，并迅速扩展为长椭圆形或长条形。病斑干缩凹陷呈深褐色，皮层腐烂变黑，春季病斑出现黑粒状分生孢子器。感病后期病斑周围形成隆起愈伤组织，中央开裂，形成典型溃疡症状。粗皮杨树发病不呈水泡状，发病处树皮流出赤褐色液体。秋季老病斑出现粗黑点，为病原菌有性阶段。

**寄　主**　杨、柳及刺槐、苹果、核桃。

**分　布**　辽宁、黑龙江、内蒙古、河北、山东、山西，西北地区。辽宁省各地区。

**发病规律**　病原菌以菌丝、分生孢子和子囊腔在老病疤上越冬。翌年春季子囊孢子成熟，借风、雨传播，多由伤口和皮孔侵入，还可在老伤疤处发病。分生孢子可反复侵染。一般在4月发病，5月为第1次发病盛期，幼苗移栽后发病率最高。8月又发生，9月为第2次发病盛期。病原菌易在弱树、树木伤口处、含水量低的造林苗木上侵染发病，病斑围绕树干1周，严重时树木枯死。光皮杨树发病较重，粗皮杨树发病轻。

**防治方法**　①严格苗木检疫。②加强营林管理，选择抗性品种造林。③早春树液流动前和秋末树干休眠后，向树干喷施0.5波美度石硫合剂。冬季、早春树干刷涂白剂，预防病害。④4月上旬至8月初向树干喷施50%代森锌200倍液、波尔多液3～4次。刮破病斑在病部涂抹50%多菌灵500倍液、70%甲基托布津、70%代森锌50～100倍液或10%碱水。

单株被害状

发病水泡

泡破液体

病斑凹陷

## 16 冠瘿病

**学　　名**　*Agrobacterium tumefaciens*（Smith et Townsend）Conn

**别　　名**　根癌病、根瘤病、肿根病。

**感病症状**　主要危害根部，也危害大树枝干。感病初期，树根形成灰白色瘤状物，表面光滑柔软，小瘤迅速发育增大，变为褐色大瘤，表面粗糙、龟裂、坚硬。病瘤周围产生一些细根，最后形成许多突起小木瘤。枝干感病处形成冠瘿肿瘤。感病植株矮化，叶片枯黄、早落，根系细小，须根少。

**寄　　主**　杨、柳、苹果、梨、山楂等。

**分　　布**　辽宁、河北、吉林、山东、山西、浙江、河南、福建等地。辽宁省内分布于沈阳、大连、锦州、营口、阜新、葫芦岛等地。

**发病规律**　病原菌在病瘤、土壤或土壤中寄主残体内越冬，能存活1年以上，2年内得不到侵染机会，即失去致病力。病原菌借雨水、灌溉水传播，主要从伤口侵入寄主组织，导致树势衰弱，叶片变黄提早脱落，严重时树木死亡，苗木重茬时发病重。

**防治方法**　①严格苗木检疫。②苗圃地轮作要2年以上，防止杨柳科、蔷薇科植物连作。③及时清除感病苗木、树木，集中烧毁。④栽植前用根癌宁30～50倍液、0.01%～0.02%链霉素溶液、1%硫酸铜溶液或抗根癌菌剂1号1～5倍液等杀菌剂浸泡移植苗木根部、插条5min；切除病瘤，涂抹80%的402乳剂50倍液、农用链霉素2000倍液或贴敷30倍根癌宁药棉。

树根被害状 树干被害状

树干被害状

## 17  杨树破腹病

**学　　名**　Populus tomentosa

**感病症状**　主要危害树干基部和中部。表现为树皮纵裂，长度几厘米至数米不等，病部开裂处边缘较整齐，开裂宽度可达2～3cm。发病程度较轻的，木质部表露不明显，发病程度较重的，木质部表露明显，严重时开裂，随生长期树液流动，伤口流出黑褐色臭液，引发心腐病，同时，也为烂皮病等病害的发生创造了有利条件。烂皮围树干近1周时，树木生长逐渐衰退并枯死。

**寄　　主**　杨、柳、槭、苹果树等。

**分　　布**　辽宁、河北、北京、天津、内蒙古、山东、吉林、黑龙江、河南、新疆等地。辽宁省内分布于沈阳、大连、锦州等地。

**发病规律**　该病害属于非侵染性生理病害。晚秋或早春天气骤然变冷变暖、昼夜温差大时易发病。常发生在树干向阳面，集中在距地面20～200cm处。发病程度较轻且生长旺盛的树木，裂口当年可愈合，翌年气候适宜时，有重新开裂的可能。生长速度快的杨树发生较重，地势低洼、积水多的林分发病重。

**防治方法**　①加强营林管理，选择抗寒性品种，营造混交林。林间挖沟排除林地水分。②通过树根培土，树干1.5～2.0m高以下刷涂白剂，树干上捆绑稻草和秫秸等预防冻害。③4—5月萌动期刮除病斑树皮，涂抹多菌灵或甲基托布津200倍液。涂药5d后，病斑周围，涂抹50～100倍赤霉素促进病斑愈合。

被害状

# 第三部分

# 鼠、兔害

## Forest rodent pests and rabbit pests

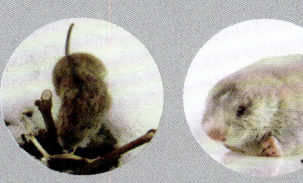

## 1 棕背䶄

| | |
|---|---|
| **学　　名** | *Clethrionomys rufocanus*（Sundevall） |
| **分类地位** | 啮齿目（Rodentia）鼠科（Muridae） |

**形态特征**　体长90~110 mm，体形粗胖，体毛长而有光泽。四肢短小，一般小于20mm，后脚长。耳较大，匿隐于毛中。尾短而纤细，约为体长的1/3。背部、颈部到头部棕色区较窄，体两侧浅灰色或黄灰色，腹毛白色或污白色。尾毛短，上面灰黑色，下面灰褐色。

**分　　布**　辽宁、黑龙江、吉林、内蒙古、河北、山西、陕西、湖北、四川、甘肃、宁夏、新疆。辽宁省内分布于抚顺、鞍山、本溪、丹东等地。

**发生规律**　主要危害树木树皮、种子和果实。栖息在针阔混交林地势较高的枯叶层、倒木、草丛、灌木丛中。昼夜活动，夜间频繁，不冬眠，有向洞内拖食习性。4—5月开始繁殖，6—7月为繁殖盛期，每窝产仔5~7只。冬季到早春为危害期。啃食树皮，造成树干基部环剥，树木死亡。春季也刨食松树种子，影响森林更新。

**防治方法**　①加强预测预报，冬季降雪较大年份重点监测。②加强营林管理，改善卫生条件，抑制鼠害发生。③发生面积小的林地采用鼠夹、鼠笼等工具捕杀。④发生面积大的林地，以5m×10m等距离投放溴敌隆毒饵5~10g/袋。⑤繁殖期前，投放环保型雌性抗生育药剂莪术醇饵剂2.5~3kg/hm$^2$。

被害状

鼠洞

棕背䶄

棕背䶄

## 2 东北鼢鼠

**学　　名** *Myospalax psilurus*（Milne-Edwards）

**分类地位** 啮齿目（Rodentia）鼠科（Muridae）

**形态特征** 体长150～280mm，体粗壮，呈圆筒形，体毛细软有光泽，面部毛棕黄色，背毛灰棕色。吻短钝圆，污白色，头大而扁，耳不发达，隐于毛下，眼极小，尾短小，前爪强大，前额和两颊灰白色，腹毛浅灰白色或浅灰褐色。

**分　　布** 辽宁、黑龙江、吉林、内蒙古、河北、山东、河南、安徽等地。辽宁省内分布于沈阳、阜新、铁岭、朝阳等地。

**发生规律** 林业上主要危害樟子松林、苗圃地幼苗。栖息在灌丛、森林、农田、草原、山地丘陵等生境的洞穴中。不冬眠，善打洞潜土，洞穴庞大复杂，分为洞道、厕所、窝巢和仓库，全长50～70m，深20～50cm，掘出的土形成土丘。4—6月进行繁殖，每窝产崽2～4只。多在午间活动，取食地下植物鲜嫩的根、茎。9—10月，储粮准备越冬，地表地冻后停止活动。

**防治方法** ①造林时应用P-1拒避剂等林木保护药剂蘸根或使用多效抗旱驱鼠剂蘸浆处理；幼林地可采用P-1拒避剂灌根。②活动高峰时布设地弓、地箭；秋季深翻防治地块，降低鼠密度。③洞内投放"鼢鼠灵"或0.02%溴敌隆、马铃薯和淀粉配制的毒饵。④保护和利用鼬科动物和狐狸等天敌。

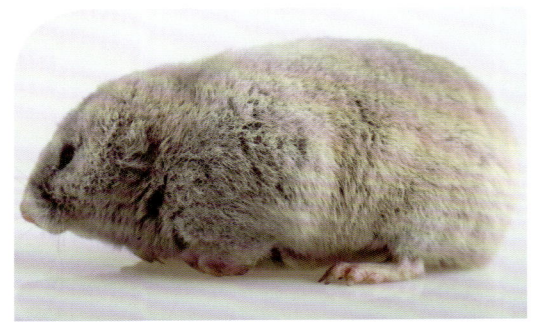

东北鼢鼠

## 3 草兔

| | |
|---|---|
| **学　　名** | *Lepus capensis* Linnaeus |
| **别　　名** | 开普野兔 |
| **分类地位** | 兔形目（Lagomorpha）兔科（Leporidae） |

**形态特征** 似家兔，体长约450mm，背部沙黄色，杂有黑色；腹毛白色或污白色，面颊两侧各有一浅色毛圈，眼周有白色窄环。耳长，内侧有稀疏白毛。前肢较短，后肢长而有力，善奔跑。臀部沙灰色。冬季毛长而蓬松，夏季毛短而无绒。

**分　　布** 辽宁、黑龙江、吉林、内蒙古、甘肃、宁夏、陕西、山西、河北、河南、湖北、四川等地。辽宁省内分布于朝阳、葫芦岛等地。

**发生规律** 栖息在有水源的混交林、农田附近的荒山坡、灌木丛及草原地区、沙土荒漠区等地。每年繁殖3~4胎，随栖息地环境而定。食性杂，喜食嫩草、蔬菜、种子、农作物及树苗、树皮等；冬季啃食枝条和幼树的树皮，春天成片啃食刚出土的幼苗。数量多时，造成林业灾害。

**防治方法** ①加强营林管理，采取高培土、树干基部捆绑木条、塑料布、金属网或带刺植物覆盖树体保护1~2年生新植侧柏和刺槐苗等。②树干涂石油副产物——黏油或P-1拒避剂。③保护和利用鹰隼、猛禽、狼、狐狸和猫科动物等天敌。

被害状

被害状

草兔

第四部分

# 有害植物

Harmful Plants

## 1 葛藤

**学　　名**　*Pueraria lobata*（Willdenow）Ohwi

**形态特征**　多年生藤本植物，豆科，根系强大，具膨大块根，富含淀粉，是中药材。茎粗长，蔓生，长5~10m，常匍匐地面或攀于其他植物之上。三出复叶，小叶长6~20cm，宽7~20cm。复式总状花序，腋生，花大，紫红色。荚果带状，扁平，长5~12cm，宽0.6~1cm。茎和荚果密生茸毛。种子扁卵圆形，红褐色。千粒重13~18g。

**分　　布**　辽宁、黑龙江、吉林、内蒙古东部，华北地区；辽宁省内分布于鞍山、抚顺、本溪、丹东、辽阳、铁岭等地。

**发生规律**　生于海拔300~1500m丘陵地区的坡地上或疏林中。喜温暖湿润、阳光充足。土壤适应性强，除排水不良的黏土外，山坡、荒谷、砾石地、石缝都可生长，以湿润和排水通畅的土壤为宜。耐酸性强，土壤pH4.5左右时仍能生长。耐旱、耐寒。攀于灌木或树上的生长最为茂盛，严重时将树冠覆盖，阻断树冠光合作用，导致生长衰弱甚至枯死。

**防治方法**　①严格苗木检疫，严禁带有残根、残茎的土壤调运。②种子未成熟时，及时清除藤蔓、块根。

被害状

葛藤

# 参考文献

[1] 胡文霞.桓仁县大榛子主要病虫害的发生与防治[J].现代农业科技，2012（9）：182–182.

[2] 于薇薇.大果杂交榛子病虫害的防治[J].北方果树，2013（3）：26–27.

[3] 高国平，王允，祁金玉，等.沈阳市城区油松枝枯病病情及分析[J].西北林学院学报，2012，27（3）：105–108，136.

[4] 谭学龙.白杨叶锈病的发生与防治[J].现代化农业，2018（1）：13–14.

[5] 石秀珍，刘团会，师旭艳，等.杨叶锈病综合防治技术研究初报[J].河南林业科技，2010，30（3）：8–10.

[6] 陈博，陈磊.黑绒金龟子在玉米上的危害及防治方法[J].吉林农业，2016（23）：104.

[7] 付林巨，刘和平，张艳，等.噻虫啉等几种药剂打孔注药防治光肩星天牛成虫效果对比[J].内蒙古林业科技，2015，41（1）：36–38.

[8] 郑英荣，王维升.八字地老虎在北方地区生物学特性观察[J].吉林农业，2010（12）：109.

[9] 郭正福.江西林业有害生物图[M].南昌：江西科学技术出版社，2017.

[10] 樊文瑞.白蜡蚧的发生及防治[J].科技情报开发与经济，2005，15（24）：236–237.

[11] LY/T 2847–2017.噻虫啉微胶囊剂使用技术规程[S].国家林业局，2017.

[12] 高国平.辽宁树木病害图志[M].沈阳：辽宁科学技术出版社，2016.

[13] 马爱国.林业有害生物防治历[M].北京：中国林业出版社，2010.

[14] 姜生伟.林业昆虫图鉴[M].沈阳：辽宁科学技术出版社，2021.

[15] 韩国生.林业有害生物识别与防治图鉴[M].沈阳：辽宁科学技术出版社，2011.

[16] 韩国生.杨树病虫害识别与防治生态原色图鉴[M].沈阳：辽宁科学技术出版社，2017.

[17] 孙守慧.辽宁树木害虫图鉴[M].北京：科学出版社，2021.

[18] 高明辉，刘来福，贾晓丽，等.小齿短肛棒螨生物学特性及防治技术[J].吉林林业科技，2013，42（2）：47，62.

[19] 谭学龙.白杨叶锈病的发生与防治[J].现代化农业，2018（1）：13–14.

[20] 齐明芳.杨树病虫害综合防治技术[J].河北林业科技，2006（1）：60～61.

[21] 高祝平.国槐尺蛾的发生与防治[J].天津农林科技，2014（7）：22～23.

[22] 刘岩，张立志，周素娟.黄褐天幕毛虫生物学特性与防治[J].辽宁林业科技，2004（5）：7–9.

[23] 郑淑杰，王瑞玲.大兴安岭地区黄褐天幕毛虫发生规律原因及防治[J].内蒙古林业调查设计，2004，27（3）：41–44.

[24] 王福维，牛延章，侯丽伟，等.分月扇舟蛾生物学特性及其防治研究[J].林业科学研究，1998，03：98–102.

[25] 刘小明，庄庆美，于健，等.分月扇舟蛾生物特性及防治[J].吉林林业科技，2010，01：53–55.

[26] 娄杰，张铁利，郑栢华，等.花布灯蛾生物学特性及防治[J].辽宁林业科技，2010（4）：46–47.

[27] 萧刚柔，黄孝运，周淑芷，等.中国经济叶蜂志（Ⅰ）[M].杨凌：天则出版社，1991：131.

[28] 胡连艳.葡萄天蛾的发生与无公害防治[J].现代农村科技，2018（8），31–32.

[29] 张剑峰，分月扇舟蛾生物学特性及防治对策[J].林业科学，2016（5），141.

[30] 马建海，马如俊，赵生海，等.杨干透翅蛾生物学特性及发生规律[J].西北林学院学报，2003，18（4）：81–83.

[31] 萧刚柔. 中国森林昆虫[M]. 北京：中国林业出版社，1992.

[32] 王智刚. 白杨透翅蛾和蒙古木蠹蛾的发生规律与防治方法[J]. 现代农业科技，2013（19）30–31.

[33] 徐强，外来入侵种松树蜂的生物生态学特性、监测与营林控制技术研究[D]. 北京：北京林业大学，2020.

[34] 蔡三山，陈京元. 杨树花叶病毒研究进展[J]. 湖北林业科技，2007（2）：36–38.

[35] 向玉英，奚中兴，张恒利. 杨树花叶病毒的危害及病毒特性的研究[J]. 林业科学，1984（4）：41–446.

[36] 阿那尔·沙哈提汗. 阿勒泰地区杨树破腹病发生规律及防治措施[J]. 新疆农业科技，2014（5）：31.

[37] 蔡邦华等. 中国森林昆虫[M]. 北京：中国林业出版社，1983.

[38] 贺伟，叶建仁. 森林病理学[M]. 北京：中国林业出版社，2017.

# 索引